HUANJING JIANCE SHIYAN JIAOCHENG

环境监测实验教程

陈玉娟　主编

U0388466

中山大学出版社
·广州·

图书在版编目（CIP）数据

环境监测实验教程/陈玉娟主编 . —广州：中山大学出版社，2012.6
ISBN 978 - 7 - 306 - 04196 - 8

Ⅰ. ①环… Ⅱ. ①陈… Ⅲ. ①环境监测—实验—高等学校—教材 Ⅳ. ①X83 - 33

中国版本图书馆 CIP 数据核字（2012）第 119413 号

出 版 人：祁　军
策划编辑：鲁佳慧
责任编辑：鲁佳慧
封面设计：曾　斌
责任校对：曾育林
责任技编：黄少伟
出版发行：中山大学出版社
电　　话：编辑部 020 - 84111996，84113349，84111997，84110779
　　　　　发行部 020 - 84111998，84111981，84111160
地　　址：广州市新港西路 135 号
邮　　编：510275　　　　　传　真：020 - 84036565
网　　址：http://www.zsup.com.cn　　E-mail：zdcbs@ mail. sysu. edu. cn
印　刷　者：虎彩印艺股份有限公司
规　　格：850mm×1168mm　1/32　4.5 印张　120 千字
版次印次：2012 年 6 月第 1 版　2015 年 7 月第 2 次印刷
定　　价：15.00 元

本书编委会

主　　编：陈玉娟
编写人员：董汉英　黄雄飞　麦志勤　陈志雄

前　　言

　　"环境监测实验"是环境科学与环境工程专业的基础课之一，本书是"中山大学实验教学研究（改革）基金项目（YJ 201030）"的研究成果。

　　本书是为独立设课的"环境监测实验"课程编写的教材，主要使用者为具有无机化学和分析化学基础的环境科学专业、环境工程专业本科生，实验项目分为必做实验、选做实验及学生自选的综合性大实验。在授课时可根据课程需要选择相应的实验项目。

　　全书共 7 章，涵盖 19 个实验，内容包括：实验室规章制度和安全教育，水质、大气、噪声、土壤、植物等环境要素中的污染物分析测定的基本原理及方法，环境监测的质量控制和数据处理方法，大型分析仪器的操作使用及环境样品的采集和处理方法。

　　本书绪论、第一章由陈玉娟、陈志雄、麦志勤编写；第二章由陈玉娟编写；第三章由黄雄飞编写；第四章由陈玉娟、董汉英、麦志勤编写；第五章由陈玉娟、陈志雄、董汉英编写；第六章由麦志勤、陈玉娟、董汉英编写；第七章由董汉英、陈玉娟、黄雄飞编写。

　　由于编者水平有限，书中错误与疏漏在所难免，敬请各位专家及读者批评指正。

陈玉娟

2011 年 12 月

目　　录

绪　　论

实验一　课程概况及实验室规章制度、安全教育、仪器清点

一、课程概况

（一）课程简介

环境监测实验是环境科学与环境工程专业的基础课之一，通过本课程的学习，使学生掌握环境监测的基本技能与实验技术，能进行野外与实验室内的分析监测工作。

（二）实验目的要求

环境监测实验包括水质、大气、噪声、土壤等环境要素的污染物监测。通过实验，使学生进一步了解环境监测的含义、污染物分析测定的基本原理、环境监测的质量控制和数据处理方法，并初步掌握环境样品的采集和处理方法。

（三）主要仪器设备

大气采样器、PM_{10}采样器、声级计、采水器、酸雨采样器、多功能水质自动监测仪、分光光度计、原子吸收分光光度计、流动注射仪、离子色谱仪等。

二、实验室规章制度

（一）学生守则

（1）为了顺利完成实验任务，确保人身、财产安全，培养学生严谨、踏实、实事求是的科学作风和爱护国家财产的优秀品

质，要求每个学生必须遵守实验室各类规章制度。

（2）学生实验前要充分预习，认真阅读实验指导书，明确实验原理、要求和目的，按要求写出预习报告或实验方案，不做预习和无故迟到 30 分钟者不得进入实验室。

（3）进入实验室后应保持安静，不得高声喧哗和打闹，不准抽烟、吃零食，不准随地吐痰和乱扔纸屑等杂物，保持实验室和仪器设备的整齐清洁；不做与实验内容无关的事。

（4）使用仪器设备前，必须熟悉其性能、操作方法及注意事项，使用时严格遵守操作规程，做到准确操作。因操作错误导致仪器设备损坏，按《中山大学科教仪器设备管理办法》第六章规定处理或赔偿，如损坏仪器设备不报告，一经发现将严加处罚。

（5）独立完成实验操作，善于发现问题，培养分析问题、解决问题的能力。如实地记录各种实验数据，不得随意修改，不得抄袭他人的实验记录或结果。

（6）爱护实验室的设备、设施，节约用电、材料等，严禁在墙、桌椅、仪器等公物上涂写，严禁盗窃、蓄意损坏公物，违者按学校有关规定处理；对所使用的仪器设备，发现问题应及时报告。未经许可，不得动用与本实验无关的仪器设备及其他物品；严禁将实验室任何物品带走。

（7）实验过程中必须注意安全，掌握出现险情的应急处理办法，避免发生人身事故，防止损坏仪器设备。

（8）实验结束时，实验数据和结果须经指导教师检查签字后，方能拆除实验装置，并将仪器设备整理好，方可离开实验室。

（9）值班学生要负责关闭实验室的水、电、气、窗，并安排物业保安人员做好巡查工作后方能离开实验室。

（10）学生课外时间到实验室做实验，须按照有关规定进行

（如实验室开放制度等）。

（11）学生因故不能到实验室做实验的，应事先向指导老师请假，并另行安排时间补做。

（12）实验过程中如发生事故，应自觉写事故报告，说明原因，总结经验，吸取教训，造成损失的，将视事故轻重，由相关部门按学校有关规定处理。

（二）环境监测实验室服务指南

1.　实验室简介

（1）环境监测实验室设在中山大学环境科学与工程学院大楼北实验楼 A402 房。

（2）本实验室主要承担环境科学与工程学院教学计划中的环境监测实验专业课程实验教学。本实验室内设 72 个实验位置，每个实验位置配备实验仪器柜 1 个，可内置常用玻璃仪器 1 套；一般水龙头 1 个；减压抽滤龙头 1 副；二三插带开关电源面板 1 个；未配备桌面抽风系统，本实验室内备有公用标准通风橱 4 个；加热源需由电源转变。

（3）配套仪器有天平、电子分析天平、恒温水浴、电炉、电热板、电烘箱、电冰箱、恒温培养箱、电导率仪、pH 计、分光光度计、水质采样器、测流仪、空气采样器、空气颗粒物采样器、噪声监测仪、离心仪等。

（4）学生实验柜可依据课程内容特点配套常规常用低值实验仪器 1 套。

2.　实验指导教师须知

（1）须使用本实验的单位，须在每使用周期开始日的 6 个月前，依教学实验计划提供详细的教学实验内容清单、实验课程用书、实验者身份及人数、每周实验课时、实验程序安排等信息。落实实验指导教师名单，并指示实验指导教师实施具体实验课程协调工作。

（2）承担有关课程的实验指导教师，须在每开课周期开课日4个月前，向本实验室提供实验课程所需准备的硬件要求；提出学生实验柜要求配置仪器的清单，经与实验室管理人员讨论后决定配置清单；提交实验课时程序安排以及每次实验课所需提前准备的其他公共使用仪器设备的类型、数量、质量要求，相关试剂的名称、数量、质量要求等，经与实验室管理人员商讨后，依据实验室所能提供利用的资源情况，及时对实验运作进行调整。

（3）指导学生清点实验柜内仪器，并于每次实验课程结束时清还给实验室。指导学生正确使用和保管仪器，过程中如有损坏，应明确原因、责任，签名确认后让学生及时补领。

（4）合理安排分配学生使用公共仪器设备。正确指导学生完成实验任务。上课时间内应先于学生进场，迟于学生离场，指导教师自始至终应于现场指导，并对实验期间的安全、纪律和秩序全面负责。

3．实验室管理人员须知

（1）保持实验室仪器设备处于良好状态。

（2）在接受教学实验工作安排后，积极与有关单位和相关实验指导教师沟通，努力将教学任务进行具体落实。

（3）在实验课指导教师的指导下，协助实施教学工作和进行实验前的进场和实验后的清场工作。

（4）依据实验指导教师的具体要求，报批和采购实验所需的仪器设备、化学试剂和实验耗材。积极与实验指导教师沟通，汇报因各种因素制约未能提供的服务，以便及时对实验过程运作进行调整。

（5）实验进行时间内，及时关注设备运作情况，保障实验课顺利进行。

4．实验人员须知

（1）正确进行实验操作，关注自身、他人和实验室的安全。

（2）正确、安全、有序地使用公共仪器设备，妥善保管使用实验柜内的仪器设备。如损坏仪器设备，需按情节接受相应的赔偿。

（3）接受实验指导教师、实验室管理人员的指导，节约资源、能源，尊重物业管理人员的劳动。

（4）遵守上一级实验室管理机构制订的相关守则和规定。

（三）　环境监测实验室实验守则

（1）学生进入实验室工作，应严格遵守实验室管理条例，服从管理人员的安排。

（2）学生进行实验须在教师指导下进行。

（3）在实验前须认真预习，掌握、了解仪器操作规程、药品性能和实验过程中可能出现的问题。

（4）做实验时，须正确地进行操作，避免实验事故的发生。要爱护仪器设备，除指定使用的仪器外，不得随意乱动其他设备。实验用品不准挪作他用。

（5）要节约用水、用电和使用药品。对有毒、有害的物品必须交指导教师进行处理，不得乱扔、乱放。

（6）因违反操作规程而损坏或丢失仪器者应按有关规定赔偿。

（7）实验时，要保持室内安静，不得高声交谈，更不能到处走动影响他人实验。

（8）实验完毕，要及时清洁工作台，把清洁后的仪器、工具放回原处，并报告指导教师或管理人员，经同意后才能离开实验室。

三、实验室安全教育

实验课老师在每学期第一次实验课时，需对学生进行安全教育，进行紧急突发事故处理方法、自救互救常识以及紧急电话

（如 110、119、120 等）使用常识的教育。针对本课程的特点，实验室安全教育主要包括火灾、爆炸、中毒、实验室环保等几个方面，具体内容由任课老师讲解。

四、仪器清点

每位学生根据老师提供的仪器清单，对自己实验柜中的实验用仪器进行清点、清洗，如有破损、不全，应及时告知老师更换、补领，学期末按此清单再次清点，交还实验指导老师。

具体的仪器清单，由实验课指导老师在课堂上发给学生。

第一章　水环境监测

概　论

水环境监测是依照水的循环规律（降水、地表水和地下水），对水的质与量以及水体中影响水生态与环境质量的各种人为和天然因素进行监测。

一、地表水质监测方案的制订

（一）基础资料收集

（1）水体的水文、气候、地质和地貌资料，如水位、水量、流速及流向的变化，降雨量、蒸发量及历史上的水情，河宽、河深、河床结构及地质状况等。

（2）水体沿岸城市分布、工业布局、污染源及其排污情况、城市给排水情况等。

（3）水体沿岸水资源现状及用途，如饮用水源分布和重点水源保护区、水体流域土地功能及近期使用计划等。

（4）历年水质监测资料、水文实测资料、水环境研究成果等。

（二）监测断面和采样点的设置

1. 监测断面的布设原则

（1）在监测断面布设前，应先摸清监测河段内水流出入情况。

（2）监测断面的布设是水体监测工作的重要环节，应有代表性，即能较真实、全面地反映水质及污染物的空间分布和变化规律。

（3）断面设置数量应根据掌握的水环境质量状况的实际需

要，考虑对污染物时空分布和变化规律的控制，选择优化方案，力求以较少的断面、垂线和测点取得代表性最好的样品。

（4）断面位置应避开死水区及回水区，尽量选择河段顺直、河床稳定、水流平稳、无急流湍滩且交通方便处。

（5）监测断面应尽可能与水文测量断面一致，要求有明显的岸边标志。

2．监测断面设置

河流监测断面有对照断面、控制断面和削减断面（图1-1）。

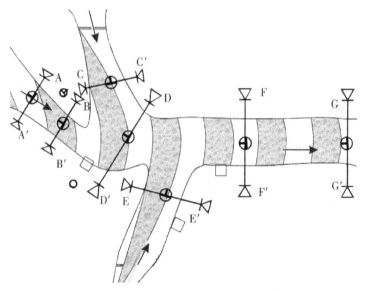

A-A′对照断面
B-B′、C-C′、D-D′、F-F′控制断面
G-G′削减断面
◐污染源 □排污口 ➡水流方面
☻自来水取水口

图1-1 河流监测断面设置示意图

（1）对照断面。反映进入本区域河流水质的初始情况，为了解流入监测河段前的水体水质状况而设置，具有参比和对照作用，一般一个河段只设一个对照断面。

（2）控制断面。反映本地区排放的废水对河段水质的影响，可及时掌握受污染水体的现状和变化动态，一般设在排污口下游500～1 000 m处，其数目应根据城市的工业布局和排污口分布情况而定。

（3）削减断面。反映河流对污染物的稀释净化情况，通常设在城市或工业区最后一个排污口下游1 500 m以外的河段上，此断面污染物浓度显著下降，且左、中、右三点浓度差异较小。

3．断面上采样垂线的布设

采样断面确定后，根据河宽确定采样垂线，具体原则见表1－1。

表1－1　江河采样垂线布设

水面宽（m）	采样垂线布设	岸边有污染带
<50	1条（中泓处）	如一边有污染带增设1条垂线
50～100	左、中、右3条	3条
100～1 000	左、中、右3条	5条（增加岸边两条）
>1 000	3～5条	7条

4．垂线上采样点的布设

确定了采样垂线后，根据水深确定采样点，具体原则见表1－2。

表1-2　采样点的布设

水深（m）	采样点数	位置	说明
<5	1	水面下 0.5 m	（1）不足 1 m 时，取 1/2 水深； （2）如沿垂线水质分布均匀，可减少中层采样点； （3）潮汐河流应设置分层采样点
5～10	2	水面下 0.5 m，河底上 0.5 m	
>10	3	水面下 0.5 m，1/2 水深，河底以上 0.5 m	

二、地表水监测项目及执行标准

1．渔业用水

监测项目：pH 值、溶解氧、氨氮、石油类、生化需氧量。执行标准：《地表水环境质量标准》（GB 3838—2002）Ⅲ类标准。

2．农田灌溉用水

监测项目：pH 值、汞及化合物、镉及化合物、石油类、全盐量。执行标准：《农田灌溉水质标准》（GB 5084—1992）。

3．工业用水

监测项目：pH 值、氨氮、石油类、化学需氧量。执行标准：《地表水环境质量标准》（GB 3838—2002）Ⅳ类标准。

4．景观娱乐用水

监测项目：溶解氧、pH 值、粪大肠菌群数（非接触性景观娱乐用水考核氨氮）、高锰酸盐指数。非接触性景观娱乐用水执行标准：《地表水环境质量标准》（GB 3838—2002）Ⅳ类标准；一般景观娱乐用水执行标准：《地表水环境质量标准》（GB 3838—2002）Ⅴ类标准。

三、分析方法

（1）《地表水环境质量标准》（GB 3838—2002）。

（2）《水和废水监测分析方法》。

实验二 地表水中水温、pH 值和溶解氧的测定 （水质参数测量仪法）

水温、水的酸碱度（pH 值）和溶解氧（DO）都是表征地表水环境质量的基本指标。

水的 pH 值是水质的一项重要指标，也是水体污染因子的一个大类。天然地表水体的 pH 值都应当在中性左右。我国《地表水环境质量标准》规定地表水体的 pH 值为 6～9。当该项指标超出标准规定范围时，往往表明地表水体已经受到污染，长期超标将使地表水体的生态功能遭到破坏。

溶解在水中的分子态氧称为溶解氧。天然水的溶解氧含量取决于水体与大气中氧的平衡。溶解氧的饱和含量与空气中氧的分压、大气压力、水温有密切关系，清洁地表水溶解氧一般接近饱和。由于藻类的生长，溶解氧可能过饱和。水体受有机、无机还原性物质污染时溶解氧降低。当大气中的氧来不及补充时，水中的溶解氧逐渐降低，以致趋近于零，此时厌氧菌繁殖，水质恶化，导致鱼虾死亡。

鱼类死亡事故多是由于大量受纳污水，使水体中的耗氧性物质增多，溶解氧很低，造成鱼类窒息死亡，因此，溶解氧是评价水质的重要指标之一。

水中溶解氧的含量与测定时的水温有直接关系。因此，一般现场测定溶解氧时都需要附上水温数值。

传统一直用碘量法测定水中的溶解氧，该方法是多年以来沿用的标准分析方法，方法成熟可靠，但是步骤比较繁琐、耗时费力。近年来，随着分析化学仪器和分析技术的不断进步，新方法、新仪器不断问世，对于水体中的溶解氧已经能够实施现场监测。本次实验就是采用 YSI 556 常规水质参数测量仪对地表水体中的溶解氧指标进行现场测定。

一、目的要求

通过对地表水体水温、pH 值和 DO 等指标的监测，理解地表水环境质量与水体污染的基本概念；初步掌握用 YSI 556 常规水质参数测量仪对地表水体中的 pH 值和 DO 指标进行现场测定的原理和方法。在总结监测数据的基础上，对受测地表水的环境质量现状（相关指标）作出评价。

二、实验内容

中山大学东校区所在区域地表水水体丰富，内河涌外连珠江，几乎贯穿整个校园。

通过对地表水体若干环境质量指标的监测、分析，可以初步掌握目前校园内地表水的环境质量状况（水质好坏、受污染程度、污染种类、污染原因等）。

本次实验运用环境质量评价的基本理论和技术方法，对中山大学东校区的地表水环境质量现状（部分指标）进行评价。

中山大学东校区位于珠江广州城区段的下游，根据《广州市水环境功能区区划》（穗府〔1993〕第 59 号文）的规定，珠江广州河段在广州大桥以东段执行《地表水环境质量标准》（GB 3838—2002）中Ⅳ类标准。东校区的内河涌与之相连，执行同样标准。相关标准值见表 1 - 3。

表1-3 地表水环境质量标准（GB 3838—2002）

类 别			IV
适用区域			珠江广州大桥以东河段、中山大学东校区内河涌
水质标准	1	酸碱度（pH）	6～9
	2	DO	3 mg/L

（一）中山大学东校区地表水环境质量现状的测定

在中山大学东校区平面图（图1-2）上布置监测断面。

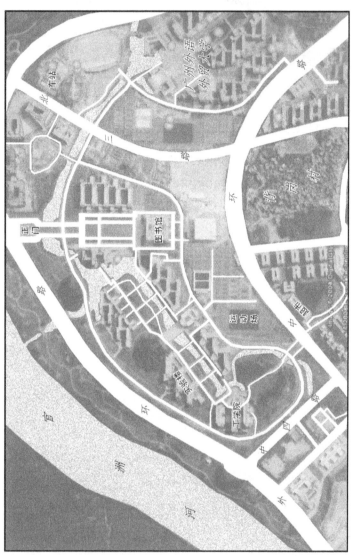

图1-2 中山大学东校区平面图

由于本次测定对象为内河涌，规模小，无明显的敏感段及上下游。因此，监测断面的布置，基本上遵循均匀布局的原则。沿整条内河涌布置若干个监测断面，断面位置兼顾代表性和可操作性，如在容易受到污染的地方（有污水排放口或人群活动密集点之处）布设。同时，断面的布设要考虑到操作的方便，如监测的时候要能够尽量接近河涌中间。因此，一般会利用桥梁、码头等便利条件布点。在能够全面反映地表水体基本状况的前提下，监测断面个数应尽量精简，以较少的监测数据获得较有代表性的结果。同时，为了反映校区内外水体之间的差异，在该内河涌的进出口两端应分别设立对照断面。

每个小组持有 YSI 556 常规水质参数测量仪 1 台，小组成员合理分工，一部分进行测定，一部分做好记录。在选择好的断面上分别测定河涌水体的水温、pH 值和 DO 数据，并标注清楚监测断面位置及其周边状况。

每个断面只需要监测中线一个点，监测表层水域。水深大于 1 m 的断面，探头大致在水面下 0.5 m；水深小于 1 m 的，在液面下即可。注意监测时保护好探头，小心操作。

在某些断面，如果难以接近河涌中心，则可监测岸边水域。在结果记录表中注明即可。

（二）中山大学东校区地表水环境质量现状评价（部分指标）

在获得监测结果的基础上，对监测数据进行整理。依照上述地表水环境质量标准，对东校区的地表水环境质量现状作出分析与评价。

监测完成后，提交以下内容：

（1）实验目的。

（2）监测因子和评价标准。

（3）地表水监测断面布置图。

（4）监测结果数据表。

（5）分析与评价结论（是否符合标准？哪些断面的哪些指标达标？哪些断面超标？东校区的地表水环境质量是否满足相关标准的要求？）。

（6）原因分析。

（7）对改善东校区地表水环境质量提出建议。

为简化工作，溶解氧指标直接以测定值进行评价，无需进行水温的转换。

附：YSI 556 常规水质参数测量仪操作说明书

（一）仪器介绍

美国金泉 YSI 556 常规水质参数测量仪是一种专门用于野外测量水的常规参数的仪器。其可测量和显示的参数有水温、pH、ORP、电导率、溶解氧、盐度、总溶解固体（TDS）。

YSI 556 的标准配置包括显示器、复合探头、DO 传感器、电导率传感器、温度传感器、校准杯、测量杯、工具、说明书。pH 和 ORP 传感器是选配件。

YSI 556 采用的是模块式设计，把系统分割成不同的模块。要把仪器组装好才能使用。组装过程的重点是传感器的安装。

1. 传感器的安装

仪器的出厂包装是把测量杯套在复合探头上，而且，溶解氧探头已经作固定安装。需要安装的是电导率/温度传感器和 pH 传感器。步骤如下：

（1）旋下测量杯，再把传感器接口上的防水帽旋下。

（2）适当清洁一下传感器接口，在传感器的"O"形圈上均匀地涂上薄薄的一层硅油，对好接口，用手旋入。旋紧，直到看不到"O"形圈，再用工具旋大约 $\frac{1}{4}$ 圈，这样，传感器就安装好了。注意，YSI 556 的每一个传感器的接口都是不同的，请认清接口安装，以免损坏接口上的探针。

另外，旋下来的防水帽请保管好，留至以后需要时使用。

2．复合探头与主机连接

复合探头上有几道凸出的纹理，与主机的接口凹下的纹理相对应。安装时，对准纹理后把探头推入，然后顺时针旋动固定旋钮，让其卡住。这样，复合探头就和主机连接好了。

3．溶解氧盖膜的安装

溶解氧的测量是通过膜电极法来实现的，所以，测量前，要安装盖膜。YSI 556 随机配有一盒共 6 个的盖膜和 1 瓶 KCl 电解液。

（1）往 KCl 电解液瓶中加入去离子水或蒸馏水，加满。摇动瓶子，让 KCl 固体溶解。加入的水量没有严格的要求，只要接近满就行了。因为 KCl 浓度的微小差异不影响溶解氧的测量。

（2）把溶解氧传感器上的保护膜旋下。注意，此保护膜只是出厂时保护溶解氧传感器用的，并不是测量要求的半透膜。

（3）用蒸馏水清洗传感器，然后再用 KCl 溶液清洗。取一个溶解氧盖膜，倒入 KCl 溶液，竖放，把传感器小心插入，然后旋紧。在此过程中，会有 KCl 溶液溢出。

（4）新膜安装后，需要将其放在自来水里浸泡 8 小时才能使用。其原因是新膜需要在水里完成扩张，以适应日后的测量。

（二）主机的指令

1．主机的键盘

主机的键盘分为 4 个区，最上面的 2 个按键分别代表开机和背光灯；往下的 4 个方向按键做移动光标用；接着是"退出"和"确认"按键，最下面的是数字按键。

2．指令

开机，仪器进入测量状态，按"ESC"键，退回主菜单。然后可以看到一系列的指令。

RUN：运行。进入测量状态。

REPORT：报告。按"ENTER"键进入，可以选择需要报告的参数。用"ENTER"键激活和取消。黑点代表已激活。

SENSOR：传感器。当前激活的传感器。黑点代表激活。此指令没有操作性，只是作为检查用。

CALIBRATE：校准。使仪器进入校准状态。

FILE：文件。文件的浏览和传输以及删除用。

LOGGING SETUP：记录设置。

SYSTEM SETUP：系统设置。进入可设定系统的参数。仪器出厂时已做设定，一般不建议作参数的更改。

（三）校准

YSI 556 需要校准的参数有 4 个，即电导率、DO、pH、ORP。

1. 电导率

YSI 556 可以通过比电导和电导来对仪器进行校准。如果用的是 YSI 的标准液，则用比电导校准；如果是其他的标准液，则应该选择电导率校准方式。以下以比电导为例。

（1）用校准液清洗校准杯和探头后，往校准杯中倒入一定量的校准液（要使电导室完全浸入溶液中），插入探头，旋紧。

（2）开机，进入 CALIBRATE。

（3）选择"Specific Conductance"，确认。

（4）仪器界面要求你输入校准液的浓度，输入数值（50），确认。仪器进入测量状态，待电导读数稳定，按"ENTER"键确认。校准完成。

（5）如果用非 YSI 的标准晶，则应该定义到 Conductivity。

2. 溶解氧

YSI 556 通过水饱和气的方式来进行溶解氧的校准。

（1）安装好盖膜，在自来水中浸泡 8 小时。

（2）往校准杯里倒入少量的蒸馏水，插入探头，旋紧。让其形成一个密闭空间，随着水的蒸发，一段时间后（15～30分钟），会形成水饱和气的状态。

（3）开机，进入 CALIBRATE。

（4）选择 DO，进入，选择 DO% 的校准模式，确认，进入测量状态。

（5）待读数稳定后，按"ENTER"键确认，校准完成。

3. pH

YSI 556 的 pH 校准可选择 1 点、2 点和 3 点校准。用户可根据自己的实际情况和不同的需求，选择不同的校准方式。下面以3 点校准作说明。使用标准液标称值为 4.01、7.00、10.01（该值会因温度不同而不同，注意标定前确定不同温度下的 pH 值）。

（1）准备好标准液。

（2）从 CALIBRATE 进入 pH 校准程序。

（3）界面会提示选择校准的点数，选择 3 POINT，确认。

（4）界面提示输入标准液的标称值。在 pH 校准时，应先做中间点，再做两边点。这样可使校准曲线的线性效果好一些。输入 7.00，确认。仪器显示测量状态，待读数稳定后确认。仪器在接受了校准值后，会提示要输入第二点的 pH 值，确认，仪器显示测量状态，待读数稳定后确认。第三点的校准类推。

4. ORP

ORP 校准的步骤与电导率的校准相似。

（四）测量

（1）进入指令菜单，选定 REPORT，进入。通过向上和向下以及"ENTER"键来选择和激活要显示和报告的参数。选择完成，用"ESC"键退回指令菜单。

（2）用向下键使光标跳到 Logging setup，进入。光标定在 Interval＝00：00：0X（X 代表数字）。此项是设定记录的时间间隔，即多长的时间记录一组数据，最大为15分钟。格式是小时：分钟：秒。

需要改变记录间隔时，先按"ENTER"键进入设定状态。这时，光标会停在小时的位置上闪烁，直接通过键盘的数字键输入数字。如果不想在此位置更改，则按向右键，光标会移到下一位。如此类推。设定好记录的间隔。

设定好后，再按"ENTER"键确认。这时，光标会覆盖整个指令，用"ESC"键退回上级菜单。如果设定好后发现某一位的数字设定错误，可以通过向左键把光标移动到其位置，再作更改。

（3）用向上键选择"Run"，确认。系统进入测量的界面。在界面的最顶端，有2行指令，分别为Log one sample 和Start logging。第一个指令是只采1个样，第二个指令是连续采样。以连续采样为例作说明。

1）用向下键定义到start logging，确认。界面转换，光标会停在filename下的空格上，用来设定文件的名字。

2）通过数字和字母键输入文件名字。以按键"2"为例，按键的显示顺序是为ABC2abc2。如想输入A3，则连续按"2"键，直到出现A，停顿一下，光标会自动移到下一位；再连续按"3"键，直到出现3，停顿一下，光标移到下一位的空格。按一下确认。光标移到"OK"处，按"ENTER"键确认。如果希望在以前已记录的文件下继续记录，不想改变文件名字。则当光标停在文件名时，用右键把光标移到"OK"处，确认。

3）仪器会进入测量和记录状态。界面的最顶端会显示仪器作采样所剩余的时间。

4）仪器会一直保持着测量和记录状态。这时，光标落在stop logging 的命令下，如果想停止采样记录，则按"ENTER"键确认，系统退出记录模式，回到测量模式。

（五）文件的读取

仪器把所采样记录的数据存储到仪器的储存器中。YSI 556的存储器可以存储约 50 000 组数据。数据记录可以通过主机直接浏览和传输到计算机上。如果要传输到计算机上，则需要安装YSI 公司开发设计的软件 EcoWatch 软件作为支持。

文件的读取指令是 FILE，下面对 FILE 下的各个指令进行简要的介绍。

1．Directory

用此指令可进入记录的地址簿。通过地址簿可浏览目前仪器存储器中的所有存储文件以及其大小。如果想看某个文件的记录，则选择此文件，按"ENTER"键，系统就会进入此文件。屏幕会显示文件的详细资料，包括文件名、采样次数、开始和终止的时间等。如果想看具体的数据，则用 viewfile 指令进入。屏幕会显示此文件的测量数据。由于显示屏的大小有限，不能把所有测量参数都一齐显示，可以用 4 个方向键来移动显示的区域。退出用"ESC"键。

2．Upload to PC

此指令是把文件传输到计算机上。YSI 556 标配有 1 条与计算机连接的通讯线，其接口为 DB-9 接口。其运行的软件名字为 Eco-Watch for Windows，可以通过 YSI 的官方网页（www. ysi. com）下载。

3．Plot file

此指令是以图形的形式显示测量的参数。具体操作如下：

（1）把光标移到"Plot file"上，按"ENTER"键。

（2）选定要显示的文件，按"ENTER"键。

（3）界面出现 2 个指令，为 plot 和 parameter。其中，第二个指令是定义要显示的参数。把光标定义到此指令上，按"ENTER"键，进入参数菜单。用向上和向下键移动光标，选择显示的参数，用"ENTER"键激活。界面会自动返回上级菜单。

（4）再把光标移到"Plot"，按"ENTER"键。界面就以图形来显示测量参数随时间的变化趋势。

（5）需要退出时，按"ESC"键。

4．View file

此指令可读取文件的数据。

（1）定义到"view file"指令上，按"ENTER"键。

（2）界面显示仪器已存储的文件的名称，用向上和向下光标移动到目的文件上，按"ENTER"键。

（3）文件被打开。用4个方向键浏览测量的参数数据。

（4）用"ESC"键退出。

5．File memory

通过此指令可了解目前仪器存储器的存储情况。定义并进入，可以看到存储器的详细资料，包括目前已用空间、剩余空间、删除的文件、总的容量等。

6．Delete all files

此指令用于清空仪器的存储器。YSI 556 的文件删除是一次性的全体删除，不能单独删除其中的某一个或几个。所以，在使用此指令时一定要非常慎重。在一般情况下，不建议使用。如果存储器已满，记录时，系统会自动把最早的记录覆盖。

实验三　地表水中溶解氧的测定（碘量法）

溶解在水中的分子态氧称为溶解氧。天然水的溶解氧含量取决于水体与大气中氧的平衡。溶解氧的饱和含量与空气中氧的分压、大气压力、水温有密切关系。清洁地表水溶解氧一般接近饱和。由于藻类的生长，溶解氧可能过饱和。水体受有机、无机还原性物质污染时溶解氧降低。当大气中的氧来不及补充时，水中的溶解氧逐渐降低，以致趋近于零，此时厌氧菌繁殖，水质恶化，导致鱼虾死亡。

废水中溶解氧的含量取决于废水排出前的处理工艺过程，一般含量较低，差异很大。鱼类死亡事故多是由于大量受纳污水，使水体中的耗氧性物质增多，溶解氧很低，造成鱼类窒息死亡，因此，溶解氧是评价地表水质的重要指标之一。

一、方法原理

水样中加入 $MnSO_4$ 和碱性 KI，生成 $Mn(OH)_2$，进而被水中的溶解氧氧化成四价锰的水合物 $H_2MnO_3 \cdot H_2O$ 棕色沉淀。加酸后，棕色沉淀溶解，四价锰又能氧化 KI 而析出 I_2。以淀粉作指示剂，用 $Na_2S_2O_3$ 滴定释放出的 I_2，即可计算出溶解氧的含量。

$$MnSO_4 + 2NaOH \Longrightarrow Mn(OH)_2（白色）\downarrow + Na_2SO_4$$
$$2Mn(OH)_2 + O_2 \Longrightarrow 2H_2MnO_3（棕色）\downarrow$$
$$H_2MnO_3 + H_2SO_4 + 2HI \Longrightarrow MnSO_4 + I_2 + 3H_2O$$
$$I_2 + 2Na_2S_2O_3 \Longrightarrow 2NaI + Na_2S_4O_6$$

二、仪器

250 mL 或 300 mL 溶解氧瓶、酸式滴定管、移液管、容量瓶、烧杯、碘量瓶、试剂瓶等。

三、试剂

（1）$MnSO_4$ 溶液。称取 4.8 g $MnSO_4 \cdot 4H_2O$ 溶解于水，用水稀释至 10 mL。此溶液在酸化过的 KI 溶液中遇淀粉不得产生蓝色。

（2）碱性 KI 溶液。称取 5.0 g NaOH 溶解于 4 mL 水中，另称取 1.5 g KI 溶于 6 mL 水中，待 NaOH 溶液冷却后，将两溶液合并，混匀。如有沉淀，则放置过夜后倾出上清液，储于棕色瓶中。用橡皮塞塞紧，避光保存。此溶液酸化后，遇淀粉不应呈蓝色。

（3）浓 H_2SO_4（98%）。

（4）1% 淀粉溶液。称取 1 g 可溶性淀粉，用少量水调成糊状，再用刚煮沸的水冲稀至 100 mL。冷却后，加入 0.1 g 水杨酸或 0.4 g ZnO 防腐。

（5）$K_2Cr_2O_7$ 标准溶液。$C(1/6\ K_2Cr_2O_7) = 0.025\ 0$ mol，称取于 105～110 ℃烘干 2 小时并冷却的 $K_2Cr_2O_7$（优级纯）0.122 6 g，溶于水，移入 100 mL 容量瓶中，用水稀释至标线，摇匀。

（6）$Na_2S_2O_3$ 溶液。

四、实验步骤

（一）水样的采集和处理

1. 采样

用碘量法测定水中溶解氧，水样常采集到溶解氧瓶中。

野外采样，注意记录好原水样标签。

采集水样时，要注意不使水样曝气或有气泡残存在采样瓶中。（也就是说，不能漾起水泡、气泡，否则溶解氧含量会变）。可用少量水样冲洗溶解氧瓶后，沿瓶壁直接倾注水样或用虹吸法将细管插入溶解氧瓶底部，注入水样至溢流出瓶容积的 1/3～1/2。

2. 样品固定

水样采集后，为防止溶解氧的含量变化，应立即加固定剂于样品中。

用吸量管先加入 1 mL $MnSO_4$ 溶液（注意：加入时移液管要插入到溶解氧瓶的液面下），然后再加入 2 mL 碱性 KI 溶液（移液管同样要插入到溶解氧瓶的液面下）。盖好瓶塞，颠倒混合数次，静置。待棕色沉淀物降至瓶内一半时，再颠倒混合 1 次，待沉淀物下降到瓶底。同时，记录水温。

实地采样时应在取样现场固定，并储存于冷暗处。

（二）Na_2S_2O_3 溶液的配备和标定

称取 0.8 g $Na_2S_2O_3 \cdot 5H_2O$ 溶于煮沸冷却的 250 mL 水中，储于棕色瓶内（0.012 9 mol/L）。使用前，用 0.025 0 mol/L 的 $K_2Cr_2O_7$ 标准溶液标定。

标定方法如下：

于 250 mL 碘量瓶中，加入 100 mL 水和 1 g KI，加 10.00 mL 的 0.025 0 mol/L $K_2Cr_2O_7$ 标准溶液和 1 mL 浓 H_2SO_4，密塞，摇匀。于暗处静置 5 分钟后，用 $Na_2S_2O_3$ 溶液滴定至溶液呈淡黄色，加入 1 mL 淀粉溶液，继续滴定至蓝色刚好褪去为止，记录用量 V_0。平行做 2～3 次，若前 2 次标定的消耗体积小于 0.02 mL，则第 3 次可以免做。

$Na_2S_2O_3$ 标准溶液浓度的计算：

反应方程式如下：

第一步反应：

$$Cr_2O_7^{2-} + 6I^- + 14H^+ = 2Cr^{3+} + 3I_2 + 7H_2O$$

第二步反应：

$$2Na_2S_2O_3 + I_2 = Na_2S_4O_6（四硫酸钠）+ 2NaI$$

也就是说，在该反应中，1 mol 的 $K_2Cr_2O_7$ 对等于 6 mol 的 $Na_2S_2O_3$。

（三）样品测定

（1）轻轻打开溶解氧瓶的瓶塞，立即加入 2.0 mL 浓 H_2SO_4（注意：移液管要插入液面下）。小心盖好瓶塞，颠倒混合均匀至沉淀物全部溶解为止，放置暗处 5 分钟。

（2）量取 100.0 mL 上述溶液于 250 mL 锥形瓶中，用上述的 $Na_2S_2O_3$ 标准溶液滴定至溶液呈淡黄色，再加入 1 mL 淀粉溶液，继续滴定至蓝色刚好褪去为止即为终点，记录 $Na_2S_2O_3$ 溶液用量 V_x。每个学生要求至少做 2 个平行样品。

五、结果计算

$2Mn(OH)_2 + O_2 \equiv\!\!=2H_2MnO_3$（棕色）↓

$H_2MnO_3 + H_2SO_4 + 2HI \equiv\!\!=MnSO_4 + I_2 + 3H_2O$

$I_2 + 2Na_2S_2O_3 \equiv\!\!=2NaI + Na_2S_4O_6$

从上面列出的反应方程式中可以知道：

$O_2 \longrightarrow 2H_2MnO_3 \longrightarrow 4I \longrightarrow 4Na_2S_2O_3$，所以：

（1）溶解氧 CDO（O_2，mg/L）=（1/4）$M_{Na_2S_2O_3} \times V_x \times 32 \times 1\,000/100.0$

式中，$M_{Na_2S_2O_3}$ 为 $Na_2S_2O_3$ 溶液的浓度（mol/L）；V_x 为滴定时消耗 $Na_2S_2O_3$ 溶液的体积（mL）；32 为 O_2 的摩尔质量。

简化后即 CDO（O_2，mg/L）= $M_{Na_2S_2O_3} \times V_x \times 80$

（2）饱和溶解氧 $Cs = 468/(31.6 + T)$

式中，Cs 为监测时水温下的饱和溶解氧（mg/L）；T 为水温（℃）。

六、注意事项及说明

（1）反应进行中要加入过量的碘化钾和硫酸，摇匀后在暗处放置 10 分钟。实验证明：这一反应速度较慢，需要放置 10 分钟后反应才能定量完成，加入过量的 KI 和 H_2SO_4，不仅是为了加快反应速度，也是为了防止 I_2 的挥发，此时生成 I_3^- 络离子，由于 I^- 在酸性溶液中易被空气中的氧氧化，I_2 易被日光照射分解，故需要置于暗处避免见光。

（2）第一步反应后，用 $Na_2S_2O_3$ 标准溶液滴定前要加入大量水稀释。由于第一步反应要求在强酸性溶液中进行，而

$Na_2S_2O_3$ 与 I_2 的反应必须在弱酸性或中性溶液中进行，因此需要加水稀释以降低酸度，防止 $Na_2S_2O_3$ 分解。如果水样加入 100 mL 水后还是呈强酸性，可用 NaOH 调至弱酸至近中性后测定。

此外，由于 $Cr_2O_7^{2-}$ 还原产物是 Cr^{3+}，显墨绿色，妨碍终点的观察，稀释后使溶液中 Cr^{3+} 浓度降低，绿色变浅，使终点易于观察。

（3）滴定至终点后，经过 5 分钟以上，溶液又出现蓝色，这是由于空气氧化 I^- 所引起的（终点漂移），不影响分析结果；一般蓝色褪去后 30 秒内不回蓝即可确认为终点。

（4）发生反应时溶液的温度不能高，一般在室温下进行。滴定时不要剧烈摇动溶液。析出 I_2 后不能让溶液放置过久，滴定速度宜适当地快些。

（5）淀粉指示液应在滴定近终点时加入，如果过早加入，淀粉会吸附较多的 I_2，使终点钝化，从而使滴定结果产生误差。

（6）每次标定时均应使用新鲜制备的蒸馏水，或将蒸馏水重新煮沸 10 分钟，冷却后使用，这样可有效避免蒸馏水中溶解氧含量过大所造成的干扰。

（7）如果水样中含有氧化性物质（如游离氯大于 0.1 mg/L 时），应在水样中加入 $Na_2S_2O_3$ 去除。即用 2 个溶解氧瓶各取 1 瓶水样，在其中 1 瓶加入 1 mL H_2SO_4 和 1 g KI，摇匀，此时游离出 I_2。以淀粉作指示剂，用 $Na_2S_2O_3$ 溶液滴定至蓝色刚褪去，记录用量（相当于去除游离氯的量）。本实验所测定的为地表水，游离氯基本上不存在，故此步骤可免。

七、结果分析

实验二中已经对中山大学东校区内河涌的溶解氧指标进行过测定（采用仪器方法），将本次实验的测定值与实验二的测定结果比较，两次测定结果有无显著性差异？如果有，你认为原因是什么？

实验四　地表水中氨氮含量的测定
（靛酚蓝试剂比色法）

一、概述

水中有机物含有氢、碳、氧、磷、硫等元素。其中以含氮有机物最不稳定，它们最初进入水体时多是复杂的有机氮形式，然后受微生物的分解，逐渐变成较简单的化合物，即由蛋白质分解成肽、氨基酸等，最后生成氨。

在上述分解过程中，有机氮素化合物不断减少，无机氮素化合物逐渐增加。如无氧存在，氨即为最终产物；如有氧存在，氨继续分解并被转变成亚硝酸盐、硝酸盐。此时，氮素化合物已经由复杂的有机物变成无机物硝酸盐，这是最终的分解产物，有机氮素化合物完成了"无机化"作用。在这种变化进行时，水中的致病微生物也逐渐消除。所以，测定各类氮素化合物，可以协助了解水体"自净"的情况。

水中存在的氨和铵盐的来源，主要为有机物被微生物分解的产物以及工业污染带入，也可能由于某些微生物使接近地面的土壤中的硝酸盐和亚硝酸盐还原成氨。

测定氨氮最常用的方法是比色法。直接取水样，用比色法测定，一般称为直接比色法，此法适用于无色、透明、含氨氮量较高的清洁水样。若将氨氮自水样中蒸馏出来后再用比色法测定，一般称为蒸馏比色法，此法可用于测定有颜色、混浊、含干扰物质较多、氨氮含量较少的水样，一般的污水和工业废水均可采用此法。

二、原理

水中氨氮在亚硝基铁氰化钠及次氯酸钠存在下，与水杨酸生成蓝绿色靛酚蓝染料，在（0～50）μg/50 mL 的范围内，其色度与氨含量成正比，可利用比色法测定。

该方法检出限为 0.01 mg/L，测定上限为 1 mg/L。适用于饮用水、生活污水和大部分工业废水中氨氮的测定。

三、试剂

（1）不含氨蒸馏水。每升蒸馏水中加入 2 mL H_2SO_4（分析纯）和少量 $KMnO_4$（分析纯），用全玻璃蒸馏器蒸馏，收集蒸馏液；或用 10 g 强酸性阳离子交换树脂于 4 L 蒸馏水中共摇；或让蒸馏水通过这种离子交换树脂柱来制备大量不含氨蒸馏水。

（2）NaOH 溶液（2 mol/L）。称取 4.0 g NaOH（分析纯）溶于 50 mL 蒸馏水中。

（3）50 g/L 水杨酸〔C_6H_4（OH）COOH〕溶液。

1）称取 1.0 g 水杨酸（分析纯）于 100 mL 烧杯中，加入 5 mL NaOH 溶液（2 mol/L）溶解。

2）另称取 1.0 g 酒石酸钾钠〔$KNaC_4H_4O_6 \cdot 4H_2O$〕溶于 15 mL 蒸馏水中。

3）上述两者合并。

（4）10 g/L 亚硝基铁氰化钠〔Na_2（Fe（CN）$_6$）$_6$NO）$\cdot 2H_2$〕溶液。称取亚硝基铁氰化钠 0.10 g 溶于 10 mL 蒸馏水中。

（5）NaClO 原液。NaClO 试剂有效氯不低于 5.2%。

标定方法如下：

称取 2 g KI 于 250 mL 碘量瓶中，加入 50 mL 蒸馏水溶解。再加入 1.00 mL NaClO 试剂，加入 1.0 mL 盐酸溶液（1＋3），摇匀。暗处放置 3 分钟，用 $Na_2S_2O_3$ 标准溶液（0.1 mol/L）滴定

至浅黄色，加入 1 mL 淀粉溶液（5 g/L），继续滴定至蓝色刚好褪去为终点。记录滴定所用 $Na_2S_2O_3$ 标准溶液的体积，计算出 NaClO 的浓度。

$$C_{NaClO}(mol/L) = C_{Na_2S_2O_3}(mol/L) \times V(mL)/[1.00(mL) \times 2]$$

（6）0.05 mol/L NaClO 使用液。吸取 NaClO 试剂 x mL，

$$[x = (25.0\ mL \times 0.05\ mol/L)/C_{NaClO}(mol/L)]$$

于 50 mL 比色管中，用 NaOH 溶液（2 mol/L）定容至 25 mL 刻度处，摇匀。

（7）NH_4Cl 标准储备液 A。称取 0.381 9 g 于 105 ℃ 干燥 2 小时的 NH_4Cl（优级纯）溶于少量不含氨的蒸馏水中，转移入 100 mL 容量瓶中，用不含氨的蒸馏水中定容。此时，1.00 mL 样品含 1.00 mg NH_3—N。

（8）NH_4Cl 标准使用液 B。吸取 NH_4Cl 标准溶液 A 液 1.00 mL 于 100 mL 容量瓶中，用不含氨的蒸馏水中定容。此时，1.00 mL 样品含 0.010 0 mg NH_3—N。

四、测定步骤

1. 标准曲线的绘制

取 10 mL 比色管 6 支，分别加入 NH_4Cl 标准使用液 B 0、0.20、0.40、0.60、0.80、1.00 mL。用不含氨的蒸馏水定容至 10 mL 刻度处。各加入 0.50 mL 水杨酸溶液（50 g/L），摇匀；再加入 0.10 mL 亚硝基铁氰化钠溶液（10 g/L）和 0.10 mL NaClO 使用液（0.05 mol/L），混匀。混匀后，室温大于 20 ℃ 时放置 30 分钟；室温小于 15 ℃ 时，放置 60 分钟。用分光光度计测定各管吸光度，测定波长为 698 nm，10 mm 比色皿，以不含氨蒸馏水为参比。以 NH_4Cl 标准系列的含量（相当于 NH_3—N 微克数）为横坐标，吸光度为纵坐标，绘制标准曲线。

2．样品测定

采样后，吸取适量 V_x mL 澄清水样于 10 mL 比色管中，用不含氨的蒸馏水稀释至刻度。按上述绘制标准曲线的操作步骤测定吸光度，根据标准曲线，通过查取或计算求算出样品中氨氮的含量 M_{NH_3-N}（µg）。

五、结果计算

$$氨（NH_3，mg/L）= \frac{M_{NH_3-N}（µg）}{V_x（mL）}$$

（1）每组至少做 3 个平行样品，在实验报告中给出平均测定值；没有把握的鼓励多做几个样品，取平均值。

（2）结合误差与数据处理的理论，本次实验要求注意有效数字及其表达方法。实验最终结果用算术平均值表示，保留 3 位有效数字。

六、注意事项

如水样干扰物质较多，可将水样先蒸馏后再进行测定。

实验五　高锰酸盐指数的测定（酸性法）

一、目的要求

（1）了解环境分析的重要性及水中高锰酸盐指数与水体污染的关系。

（2）初步掌握用高锰酸钾法测定水中高锰酸盐指数的原理和方法。

二、实验内容

高锰酸盐指数又称化学耗氧量，是反映水体中有机及无机可氧化物质污染的常用指标。其定义为：在一定条件下，用高锰酸钾氧化水样中的某些有机物及无机还原性物质，由消耗的高锰酸钾量计算相当的氧量（以 O_2 mg/L 表示）。

高锰酸盐指数是量度水体受还原性物质（主要是有机物）污染程度的综合性指标，但它不能作为理论需氧量或总有机物含量的指标。由于在规定条件下，水中有机物只能部分被氧化，并不是理论上的需氧量，也不是反映水体中总有机物含量的尺度。因此，用高锰酸盐指数作为水质的一项指标，以有别于重铬酸钾法的化学需氧量（应用于工业废水），更符合客观实际。

测定时在水样中加入已知量的 $KMnO_4$ 和 H_2SO_4，加热至沸腾，准确反应一定时间（沸腾 10 分钟，或沸水浴 30 分钟），$KMnO_4$ 将水样中的某些有机物和无机还原性物质氧化，剩余的 $KMnO_4$ 加入过量的 $Na_2C_2O_4$ 标准溶液还原，再用 $KMnO_4$ 标准溶液回滴过量的 $Na_2C_2O_4$。通过计算得到水样中的高锰酸盐指数。反应式如下：

$$4MnO_4^- + 5C + 12H^+ = 4Mn^{2+} + 5CO_2\uparrow + 6H_2O$$
$$2MnO_4^- + 5C_2O_4^{2-} + 16H^+ = 2Mn^{2+} + 10CO_2\uparrow + 8H_2O$$

水中的亚硝酸盐、亚铁盐、硫化物等还原性无机物和在此条件下可被氧化的有机物，均可消耗 $KMnO_4$。因此，高锰酸盐指数通常被作为地表水体受有机污染物和还原性无机物质污染程度的量度。它是表征地表水环境质量的一个常用指标。我国《地表水环境质量标准》（GB 3888—2002）中规定了不同级别地表水水质的高锰酸盐指数的标准。

为了避免 Cr^{6+} 的二次污染，日本、德国等用高锰酸盐作为氧化剂测定废水中的化学需氧量，但其相应的排放标准偏严。

（一）方法原理

水样加入 H_2SO_4 使呈酸性后，加入一定量的 $KMnO_4$ 溶液，并在沸水浴中加热反应一定的时间。剩余的 $KMnO_4$，用 $Na_2C_2O_4$ 溶液还原并加入过量，再用 $KMnO_4$ 溶液回滴过量的 $Na_2C_2O_4$，通过计算求出高锰酸盐指数值。

显然，高锰酸盐指数是一个相对的条件性指标，其测定结果与溶液的酸度、高锰酸盐浓度、加热温度和时间有关。因此，测定时必须严格遵守操作规定，使结果具有可比性。

（二）方法的适用范围

酸性法适用于氯离子含量不超过 300 mg/L 的水样。

当水样的高锰酸盐指数值超过 10 mg/L 时，则酌情分取少量试样，并用水稀释后再进行测定。

（三）水样的采集与保存

水样采集后，应加入硫酸使 pH ＜ 2，应当在 48 小时内测定。

（四）仪器

沸水浴装置、250 mL 锥形瓶、50 mL 酸式滴定管、定时钟。

（五）试剂

（1） $KMnO_4$ 储备液（0.02 mol/L）。称取 0.8 g $KMnO_4$ 溶于 300 mL 水中，加热煮沸，使体积减少至约 250 mL，在暗处放置过夜，用 G-3 玻璃砂芯漏斗过滤后，滤液储于棕色瓶中保存。使用前用 0.050 0 mol/L 的 $Na_2C_2O_4$ 标准储备液标定，求得实际浓度。

（2） $KMnO_4$ 使用液（0.002 mol/L）。吸取一定量的上述 $KMnO_4$ 储备液，用水稀释定容，作为使用液使用。

（3）（1＋3）硫酸。配制时趁热滴加 $KMnO_4$ 溶液至呈微红色。

（4） $Na_2C_2O_4$ 标准储备液（0.050 0 mol/L）。

（5） $Na_2C_2O_4$ 标准使用液（0.005 0 mol/L）。

（六）实验步骤

1．$KMnO_4$ 使用液的制备

$KMnO_4$ 储备液由实验室制备，其准确浓度由实验室标定。实验时只需要将其稀释为使用液即可。

吸取 $KMnO_4$ 储备液 10.00 mL，定容至 100.00 mL。即成为 $KMnO_4$ 使用液。其浓度为相应储备液浓度的 1/10。

2．$Na_2C_2O_4$ 储备液和标准使用液的制备

（1）$Na_2C_2O_4$ 标准储备液（0.050 0 mol/L）。称取 0.670 5 g 在 105～110 ℃烘干 1 小时并冷却好的 $Na_2C_2O_4$（优级纯）溶于水，移入 100 mL 容量瓶中，用水稀释至标线。

（2）$Na_2C_2O_4$ 标准使用液（0.005 0 mol/L）。吸取 10.00 mL 上述 $Na_2C_2O_4$ 溶液移入 100 mL 容量瓶中，用水稀释至标线。

3．（1+3）硫酸的制备

取浓 H_2SO_4 100 mL，在不断搅动下缓慢地沿着玻棒徐徐加入到 300 mL 水中。随时注意液体的变化，发出响声时表明液体局部过热、即将暴沸。这时要暂停加入，加强搅动至均匀后再恢复加入。加入完毕后，趁热滴加 $KMnO_4$ 溶液至呈微红色。

切记：①严格按照操作规程来操作。任何情况下，不得反过来将水倒入 H_2SO_4 里；②加入 H_2SO_4 的速度要慢，随时注意局部液体的变化，多搅动使充分均匀，不要让浓 H_2SO_4 在局部积聚量过多；③不得俯视液体表面。

4．水样的测定

（1）取 100 mL 混匀水样于 250 mL 锥形瓶中。

（2）加入（5±0.5）mL（1+3）H_2SO_4，混匀。

（3）加入 10.00 mL $KMnO_4$ 使用液，摇匀，立即放入沸水浴中加热 30 分钟（自水浴重新沸腾起计时）。沸水浴液面要高于反应溶液的液面。

（4）取下锥形瓶，趁热加入 10.00 mL 0.005 0 mol/L Na₂C₂O₄ 标准溶液，摇匀。立即用 KMnO₄ 溶液滴定至显微红色，记录 KMnO₄ 溶液的消耗量。

要求平行测定 2～3 次。

（七）结果计算

化学反应如下：

$$2MnO_4^- + 5C_2O_4^{2-} + 16H^+ \Longrightarrow 2Mn^{2+} + 10CO_2\uparrow + 8H_2O \quad (1)$$

$$4MnO_4^- + 5C + 12H^+ \Longrightarrow 4Mn^{2+} + 5CO_2\uparrow + 6H_2O \quad\quad (2)$$

本实验中，被水样中有机污染物消耗的 KMnO₄ 的摩尔数等于 KMnO₄ 的总加入量（mol）减去被 Na₂C₂O₄ 消耗的量（mol），即：

MnO_4^-（mol）= 总加入量（mol）- 被 Na₂C₂O₄ 消耗的量（mol）

总加入量（mol）$= (V_1 + V_2) \times C_{MnO_4}$

被 Na₂C₂O₄ 消耗的 MnO_4^- 的量（mol）= 在本反应中 Na₂C₂O₄ 的摩尔数 ×（2/5）

按照上述反应（1），每消耗 5 mol 的 Na₂C₂O₄ 对等消耗 2 mol 的高锰酸盐。所以：

被 Na₂C₂O₄ 消耗的 MnO_4^- 的量（mol）$= 2/5 \times V_{C_2O_4^{2-}} \times C_{C_2O_4^{2-}}$

所以，被水中有机污染物消耗的 MnO_4^- 的量（mol）

$= (V_1 + V_2) \times C_{MnO_4^-} \times 2/5 \times V_{C_2O_4^{2-}} \times C_{C_2O_4^{2-}}$

按照上述反应（2），每消耗 4 mol 的 KMnO₄ 对等消耗 5 mol 的氧（O₂）。所以：

氧化水中有机污染物所需用的氧（O₂）的量（mol）= 被水中有机污染物消耗的 MnO_4^- 的量（mol）×5/4，即：

氧化水中有机污染物所需用的氧（O₂）的量（mol）

$$= \frac{5}{4} \times \left[(V_1 + V_2) \times C_{MnO_4^-} - \frac{2}{5} \times V_{C_2O_4^{2-}} \times C_{C_2O_4^{2-}} \right]$$

$$= \left[\frac{5}{4} C_{\mathrm{MnO_4^-}} \times (V_1 + V_2)_{\mathrm{MnO_4^-}} - \frac{1}{2} V_{\mathrm{C_2O_4^{2-}}} \times C_{\mathrm{C_2O_4^{2-}}} \right]$$

高锰酸盐指数（I_{Mn}）以每升样品消耗毫克氧数来表示（O_2，mg/L），最终的计算式为：

$$I_{\mathrm{Mn}} = \frac{\left[\frac{5}{4} C_{\mathrm{MnO_4^-}} \times (V_1 + V_2)_{\mathrm{MnO_4^-}} - \frac{1}{2} V_{\mathrm{C_2O_4^{2-}}} \times C_{\mathrm{C_2O_4^{2-}}} \right] \times 32.00 \times 1\,000}{V_{水样}}$$

式中，V_1 为氧化水样时加入的 $KMnO_4$ 使用液量，本实验中，V_1 = 10.00（mL）；V_2 为滴定水样时，$KMnO_4$ 使用液的消耗量（mL）；$V_{\mathrm{C_2O_4^{2-}}}$ 为基准 $Na_2C_2O_4$ 溶液的加入量，本实验中，$V_{\mathrm{C_2O_4^{2-}}}$ = 10.00（mL）；$C_{\mathrm{MnO_4^-}}$、$C_{\mathrm{C_2O_4^{2-}}}$ 分别为 $KMnO_4$ 使用液、$Na_2C_2O_4$ 基准溶液的摩尔浓度（mol/L）；32.00 为氧（O_2）的摩尔质量。

（八）数据处理

（1）每位学生至少做 2 个平行样品，在实验报告中给出平均测定值；没有把握的学生鼓励多做几个样品，取平均值。

（2）结合误差与数据处理的理论，本次实验要求注意有效数字及其表达方法。实验最终结果用算术平均值表示，保留 3 位有效数字。

对于数据处理不作过多要求。有兴趣的学生可以在实验报告中给出本次实验结果的精密度，以相对平均偏差来表达：

1）先求出平均值：avg。

2）再求出单个测定值与平均值的偏差：

di = ABS（单个测定值 – 平均值）。ABS 为函数名，取结果的绝对值。

3）求出平均偏差：

avg_ d =［abs(d1) + abs(d2) + … + abs(dn)］/n；n 是测定数据的个数。

4）相对平均偏差：等于平均偏差除以平均值。即：

相对平均偏差＝平均偏差/平均值×1 000‰

本次实验对精密度不作要求。但是，精密度可以考察整个实验过程中的质量控制能力，包括使用液、基准溶液配备的精确性，对反应过程各步骤的控制，滴定终点的把握等。在测定过程中，每个样品操作时的偶然误差控制不好，则平行样品测定值之间的偏离就会较大、精密度降低。

（九）注意事项

（1）从上述反应方程式（1）和（2）均可以看出：反应需要大量的酸。因此，一定要注意反应体系中应加入足够量的酸。在本次实验中，每个水样中加入（1＋3）H_2SO_4 硫酸溶液 5±0.5 mL，以保证反应的顺利进行。如果反应体系中的酸不够，可能会改变反应方向。例如：反应体系如发生混浊现象，产生 MnO_2 沉淀时，应检查一下是否忘记加酸，或者酸的加入量是否足够。

（2）在水浴中加热完毕后，溶液仍应保持淡红色，如变浅或全部褪去，说明 $KMnO_4$ 的用量不够。此时，应将水样稀释倍数加大后再测定，使加热氧化后残留的 $KMnO_4$ 为其加入量的1/3～1/2为宜。

（3）在酸性条件下，$Na_2C_2O_4$ 和 $KMnO_4$ 的反应温度应保持在60～80 ℃，所以滴定操作必须趁热进行，若溶液温度过低，需适当加热。

（4）$KMnO_4$ 被还原的反应需要 Mn^{2+} 作催化剂，反应是一个自加速的过程。因此，在滴定刚刚开始时，滴定速度要慢，每加入1滴 $KMnO_4$ 溶液，应当充分摇匀，让 MnO_4^- 完全被还原成 Mn^{2+} 后（即完全褪色后）再滴加。否则，也可能发生不完全还原现象，产生 MnO_2 沉淀。随后，滴加速度可以逐步加快。

（5）浓 H_2SO_4 和 $KMnO_4$ 都是强氧化剂，使用时一定要注意安全。

（十）结果分析

在报告中对结果进行一定深度的讨论与分析，结果满意的，好在哪里？结果不能令人满意的，原因在哪些地方？就反应过程的控制，滴定操作的精确度等各方面都可提出自己的见解。

（十一）讨论

（1）H_2SO_4 在本实验中起什么作用？为什么要用 H_2SO_4？能不能改用其他强酸如 HNO_3、HCl 代替？

（2）为什么 H_2SO_4 要稀释成（1+3）的浓度再用？直接用浓 H_2SO_4 可否？如果将浓 H_2SO_4 直接加入到 $KMnO_4$ 固体或浓溶液中会有什么后果？

实验六　废污水中 COD_{Cr} 的测定

一、目的要求

（1）了解工业废水中化学需氧量 COD_{Cr} 的含义。

（2）初步掌握用回流法及自动消解法测定废水中 COD_{Cr} 的原理和方法。

二、实验内容

定义：化学需氧量（COD_{Cr}）指在一定条件下，经 $K_2Cr_2O_7$ 氧化处理时，水样中的溶解性物质和悬浮物所消耗的 $K_2Cr_2O_7$ 相对应的氧的质量浓度（以 O_2 mg/L 表示）。

（一）原理

在水样中加入已知量的 $K_2Cr_2O_7$ 溶液，并在强酸介质下以银盐作催化剂，经沸腾回流后，以试亚铁灵为指示剂，用 $(NH_4)_2Fe(SO_4)_2$ 滴定水样中未被还原的 $K_2Cr_2O_7$，根据 $(NH_4)_2Fe(SO_4)_2$ 的用量换算成消耗氧的质量浓度。

在酸性 $K_2Cr_2O_7$ 条件下，芳烃及吡啶难以被氧化，其氧化率较低。在硫酸银催化作用下，直链脂肪族化合物可有效地被氧化。

（二）适用范围

适用于各种类型含 COD 值大于 30 mg/L 的水样，对未经稀释的水样的测定上限为 700 mg/L。超过水样稀释测定。本标准不适用于含氯化物浓度大于 1 000 mg/L（稀释后）的含盐水。

（三）水样的采集与保存

水样要采集于玻璃瓶中，应尽快分析。如不能立即分析时，应加入硫酸至 pH < 2，置 4 ℃下保存。但保存时间不应超过 5 天。采集水样的体积不得少于 100 mL。

（四）仪器

（1）回流装置（图 1 – 3）。带有 24 号标准磨口的 250 mL 锥形瓶的全玻璃回流装置。回流冷凝管长度为 300 ~ 500 mm。若取样量在 30 mL 以上，可采用带 500 mL 锥形瓶的全玻璃回流装置。

图 1 – 3　回流装置

（2）加热装置。本次实验也可采用 YHCOD-100 型 COD 自动消解回流仪进行样品处理，有兴趣的同学可做两种方法的对比实验。

（3）25 mL 或 50 mL 酸式滴定管。

（五）试剂

（1）Ag_2SO_4（化学纯）。

（2）$HgSO_4$（化学纯）。

（3）H_2SO_4（$\rho = 1.84$ g/mL）。

（4）$Ag_2SO_4 - H_2SO_4$ 试剂：向 1 L H_2SO_4 硫酸中加入 10 g Ag_2SO_4，放置 1～2 天使之溶解，并混匀，使用前小心摇动。

（5）$K_2Cr_2O_7$ 标准溶液。

（6）邻苯二甲酸氢钾（$C_8H_5KO_4$）标准溶液。

（7）1，10 - 菲绕啉（1，10-phenanthroline monohy drate）指示剂溶液。溶解 0.7 g $FeSO_4 \cdot 7H_2O$ 于 50 mL 的水中，加入 1.5 g 1,10 - 菲绕啉，搅动至溶解，加水稀释至 100 mL。

（8）防爆沸玻璃珠。

（六）实验步骤

1. $K_2Cr_2O_7$ 使用液的制备

$K_2Cr_2O_7$ 储备液由实验室制备，其准确浓度由实验室标定。实验时只需要将其稀释为使用液即可。

吸取 $K_2Cr_2O_7$ 储备液 10.00 mL，定容至 100.00 mL，即成为高锰酸盐使用液。其浓度为相应储备液浓度的 1/10。

2. （NH_4）$_2$Fe（SO_4）$_2$ 标准滴定溶液的制备

（1）标准滴定溶液（0.10 mol/L）：溶解 3.9 g（NH_4）$_2$Fe（SO_4）$_2 \cdot 6H_2O$ 于水中，加入 2.0 mL 硫酸，待其溶液冷却后稀释至 100 mL。

（2）标定硫酸亚铁铵的浓度。取 10.00 mL $K_2Cr_2O_7$ 标准溶液置于锥形瓶中，用水稀释至约 100 mL，加入 30 mL H_2SO_4，混匀，冷却后，加 3 滴（约 0.15 mL）试亚铁灵指示剂，$(NH_4)_2Fe(SO_4)_2$ 滴定溶液的颜色由黄色经蓝绿色变为红褐色，即为终点。记录下 $(NH_4)_2Fe(SO_4)_2$ 的消耗量（mL）。

（3）$(NH_4)_2Fe(SO_4)_2$ 标准滴定溶液浓度的计算：

$$C_{(NH_4)_2Fe(SO_4)_2 \cdot 6H_2O} = C_{Cr} \times 10.00/V$$

式中，C_{Cr} 为重铬酸钾使用液的浓度（mol/L）；V 为滴定时消耗 $(NH_4)_2Fe(SO_4)_2$ 溶液的体积（mL）。

3．水样的测定

（1）取 20 mL 混匀水样于 250 mL 磨口的回流锥形瓶中。

（2）加入 10.0 mL $K_2Cr_2O_7$ 标准溶液和几颗防爆沸玻璃珠摇匀。

（3）将锥形瓶接到回流装置冷凝管下端，接通冷凝水。从冷凝管上端缓慢加入 30 mL $Ag_2SO_4 - H_2SO_4$ 试剂，以防止低沸点有机物的逸出，不断旋动锥形瓶使之混合均匀。自溶液开始沸腾起回流 2 小时。

（4）冷却后，用 20～30 mL 水自冷凝管上端冲洗冷凝管后，取下锥形瓶，再用水稀释至约 140 mL。

（5）溶液冷却至室温后，加入 3 滴 1，10 - 菲绕啉指示剂溶液，用 $(NH_4)_2Fe(SO_4)_2$ 标准滴定溶液滴定，溶液的颜色由黄色经蓝绿色变为红褐色即为终点。记下 $(NH_4)_2Fe(SO_4)_2$ 标准滴定溶液的消耗毫升数 V_1。

（6）空白试验。按相同步骤以 20.0 mL 重蒸馏水代替水样，记录下空白滴定时消耗 $(NH_4)_2Fe(SO_4)_2$ 标准溶液的毫升数 V_0。

（七）结果计算

$$COD_{Cr}(O_2，mg/L) = 8 \times 1\,000(V_0 - V_1) \cdot C/V$$

式中，C 为硫酸亚铁铵标准滴定溶液的浓度（mol/L）；V_0 为空白试验所消耗的硫酸亚铁铵标准滴定溶液的体积（mL）；V_1 为滴定水样所消耗的硫酸亚铁铵标准滴定溶液的体积（mL）；V 为水样的体积（mL）；8 000 为 1/4 O_2 的摩尔质量以 mg/L 为单位的换算值。

（八）数据处理

（1）每位学生至少做 2 个平行样品，在实验报告中给出平均测定值；没有把握的鼓励多做几个样品，取平均值。

（2）结合误差与数据处理的理论，本次实验要求注意有效数字及其表达方法。实验最终结果用算术平均值表示，保留 3 位有效数字。

实验七　小谷河水质现状调查

根据前面所学内容，对小谷河水质现状进行监测。

实验二已经对东校区的小谷河进行了简单的调查，各组都编制了监测方案及完成了实验报告，在此基础上针对小谷河的具体情况，按照水质监测规范，选择监测项目，对小谷河水质现状进行完整的调查。

由班长及学习委员负责，将班里的同学分组，分别进行采样及室内分析，最后对小谷河水质现状进行评价，分析其水质不达标的原因，并提出实用的改善及保护措施、建议。

第二章 噪声监测

概　论

人们生活和工作所不需要的声音叫噪声。从物理现象判断，一切无规律的或随机的声信号叫噪声。噪声的判断还与人们的主观感觉和心理因素有关，即一切不希望存在的干扰声都叫噪声。

一、基本概念

（一）噪声的分类

按机理噪声可分为三类：空气动力性噪声、机械性噪声、电磁性噪声。

按来源噪声可分为五类：交通噪声、工业噪声、建筑施工噪声、社会生活噪声、自然噪声。

（二）分贝

分贝是指两个相同的物理量（例 A_1 和 A_0）之比取以 10 为底的对数并乘以 10（或 20）。$N = 10 \lg(A_1/A_0)$。

分贝符号为"dB"，它是无量纲的。式中，A_0 为基准量（或参考量），A 为被量度量。被量度量和基准量之比取对数，这对数值称为被量度量的"级"。亦即用对数标度时，所得到的是比值，它代表被量度量比基准量高出多少"级"。

（三）噪声的叠加

2 个以上独立声源作用于某一点，产生噪声的叠加。

$$L_P = 10 \lg \left[(P_1^2 + P_2^2) / P_0^2 \right] = 10 \lg \left[10^{(L_{p1}/10)} + 10^{(L_{p2}/10)} \right]$$

如 $L_{P_1} = L_{P_2}$，即 2 个声源的声压级相等，则总声压级为：

$$L_P = L_{P_1} + 10 \lg 2 \approx L_{P_1} + 3 \quad (dB)$$

（四）噪声的相减

噪声测量中经常碰到如何扣除背景噪声问题，这就是噪声相减问题。通常是指噪声源的声级比背景噪声高，但由于后者的存在使测量读数增高，需要减去背景噪声。

（五）等效连续声级

等效连续声级的符号为"Leq"。它是用一个相同时间内声能与之相等的连续稳定的 A 声级来表示该段时间内噪声的大小。

噪声能量按时间平均方法来评价噪声对人影响的问题。

二、城市区域环境噪声监测

（一）布点

将要普查测量的城市分成等距离网格（如 500 m × 500 m 市区地图上），测量点设在每个网格中心，若中心点的位置不宜测量（如房顶、污沟、禁区等），可移到旁边能够测量的位置。网格数不应少于 100 个。如果城市小，可按 250 m × 250 m 划分网格。

（二）测量

测量时一般应选在无雨、无雪时（特殊情况除外），声级计应加风罩以避免风噪声干扰，同时也可保持传声器清洁。4 级以上大风应停止测量。

声级计可以手持或固定在三脚架上。传声器离地面高 1.2 m。放在车内的，要求传声器伸出车外一定距离，尽量避免车体反射的影响，与地面距离仍保持 1.2 m 左右。如固定在车顶上要加以注明，手持声级计应使人体与传声器距离 0.5 m 以上。测量的量是一定时间间隔（通常为 5 秒）的 A 声级瞬时值，动态特性选择慢响应。

（三）测量时间

分为白天（6：00～22：00）测量和夜间（22：00～6：00）测量。白天测量一般选在 8：00～12：00 时或 14：00～18：00

时，夜间测量一般选在 22：00～次日 5：00 时。因随地区和季节不同，上述时间可稍作更改。每个测点（网格）测量 10 分钟的等效声级，测量过程中等效声级涨落大于 10 dB 时，应作 20 分钟的测量。测量的同时要判断和记录周围声学环境，如主要噪声来源等。

（四）测点选择

测点选在受影响者的居住或工作建筑物外 1 m，传声器高于地面 1.2 m 以上的噪声影响敏感处。传声器对准声源方向，附近应没有别的障碍物或反射体，无法避免时应背向反射体，应避免围观人群的干扰。测点附近有什么固定声源或交通噪声干扰时，应加以说明。

（五）评价方法

1．数据平均法

将全部网点测得的连续等效 A 声级做算术平均运算，所得到的算术平均值就代表某一区域或全市的总噪声水平。

2．图示法

图示法即用区域噪声污染图表示。为了便于绘图，将全市各测点的测量结果以 5 dB 为一个等级，划分为若干等级（如 56～60，61～65，66～70，…，分别为一个等级），然后用不同的颜色或阴影线表示每一等级，绘制在城市区域的网格上，用于表示城市区域的噪声污染分布。

三、城市交通噪声监测

（一）布点

在每 2 个交通路口之间的交通线上选择 1 个测点，测点设在马路边的人行道上，离马路 20 cm，测点距任一路口的距离应大于 50 m。长度不足 100 m 的路段，测点设于路段中间。这样的点可代表 2 个路口之间该段道路的交通噪声。

（二）测量

测量应选在无雨、无雪的天气进行。测量时间同城市区域环境噪声要求一样，一般在白天正常工作时间内进行测量。每个测点（路段）测量 20 分钟的等效声级，同时记录车流量。

（三）数据处理

测量结果一般用统计噪声级和等效连续 A 声级来表示。

（四）评价方法

1．数据平均法

对全市的交通干线的噪声进行比较和评价，平均值的计算公式是：

$$L（平均值）=（\sum LK \cdot LK）/l$$

2．图示法

图示法即用噪声污染图来表示。当用噪声污染图表示时，评价量为 Leq 或 L10，按 5 dB 一等级，以不同颜色或不同阴影线画出每段马路的噪声值，即得到全市交通噪声污染分布图。

四、建筑施工厂界噪声测量

确定建筑施工厂地边界线，找出边界线与噪声敏感点之间的距离。

在边界线上选择离敏感建筑物或区域最近的点作为测点。一般 1.2 m 高，如有围墙，可高于 1.2 m。

五、工业企业厂界噪声监测

测量工业企业厂界噪声应在工业企业边界线 1 m 处进行。据初测结果，声级每涨落 3 dB 布 1 个测点。如边界模糊，以城建部门划定的建筑红线为准。如与居民住宅毗邻时，应取该室内中心点的测量数据为准，此时标准值应比室外标准值低 10 dB（A）。如边界有围墙、房屋等建筑物时，应避免建筑物的屏障作用对测量的影响。

计数特性选择 A 声级，动态特性选择慢响应。稳态噪声，取一次测量结果。非稳态噪声的声级涨落在 3 ~ 10 dB 范围，每隔 5 秒连续读取 100 个数据；声级涨落在 10 dB 以上，连续读取 200 个数据，求取各测点等效声级值。

测量应在工业企业的正常生产时间内进行。必要时，适当增加测量次数。

六、噪声源监测

各类机器设备的噪声测量应遵照有关测试规范进行，包括国家标准、部颁标准以及专业规范。对未制定测试规范的，可按下列原则确定测量位置：

小型机器（最大尺寸≯30 cm），测点距表面 30 cm。

中型机器（尺寸介于 30 ~ 50 cm），测点距表面 50 cm。

大型机器（最大尺寸＞50 cm），测点距表面 1 m。

特大型或有危险的设备，可视情况选取较远的测点。

实验八　环境噪声的监测与评价

一、概述

声音是由物体振动产生的，其中包括固体、液体和气体，这些振动的物体通常称为声源或发声体。物体振动产生的声能，通过周围的介质向外传播。在声学中，把声源、介质、接收器称为声音的三要素。

凡是人们不需要的声音都可以称为噪声。环境噪声是指在工业生产、建筑施工、交通运输和社会生活中所产生的干扰人们正常生活的声音。当环境噪声的排放超过相应的标准时，就构成了环境噪声污染。

二、实验目的

通过对我们生活和学习区域的环境噪声现状的监测，初步掌握噪声的测定方法，了解噪声的传播与衰减规律。同时，结合环境影响评价课程所学过的内容，对测定区域的噪声环境状况尝试作出分析与评价。

三、实验原理

利用噪声仪测定一定时间段内声源发出的声级，并积分计算出声源或环境中的噪声级，以等效连续 A 声级 Leq（A）为测定指标。

通过环境噪声的监测，对监测区域的声环境质量现状作出分析与评价。

四、仪器

积分式噪声仪。

五、实验内容和程序

根据《城市区域环境噪声标准》（GB 3096—2008）的规定并参照广州市《〈城市区域环境噪声标准〉适用区域划分》的精神，中山大学东校区应当执行《城市区域环境噪声标准》的一类区标准（表2－1）。

表2－1 城市区域环境噪声标准（GB 3096—2008）

单位：dB（A）

声功能区类别	标准值	
	昼间	夜间
1 类	55	45

本次实验的目的是在对东校区的环境噪声现状进行监测的基础上，作出东校区的声环境质量分析与评价。限于实验条件和课时安排，本次实验只限于对昼间声环境质量作出评价。

（一）校园环境噪声现状的测定

在东校区平面图上，以小组为单位确定监测点位。以较少的布点数获得有代表性的结果，布点要求既能覆盖整个校区，又具有代表性。

每个小组持有噪声仪1台，小组成员合理分工，一部分进行测定，一部分做好记录。在校园内选择有特征的场所（如课室、实验室、道路、图书馆、运动场等），用噪声仪测定这类场所的环境噪声现状值（取10分钟测定时间），记录测定的等效连续A声级Leq(A)并标注清楚监测点位及其周边状况。

（二）校园声环境质量现状评价（昼间）

在获得监测结果的基础上，对监测数据进行整理。依照上述声环境质量标准，对东校区的声环境质量现状（昼间）作出分析与评价。

提交成果如下：

（1）实验目的。

（2）评价标准。

（3）噪声监测布点图。

（4）噪声监测结果数据表。

（5）分析与评价结论〔是否符合标准？哪些点位的噪声达标？哪些点位超标？东校区的昼间声环境质量是否满足相关标准的要求？声环境质量怎样（优、良、基本达标、不达标）？〕。

（6）超标点位及其原因分析（是交通噪声，设备运转噪声，还是人群活动等所致？对于正常的教学影响程度如何？）。

（7）对改善东校区的声环境质量提出建议。

第三章 数据处理与分析

一、数据误差分析

环境监测的任务是准确测定环境要素中各有关组分的含量，因此，必须依据不同的要求使分析结果具有相应的准确度。不准确的分析结果会导致对环境质量等的评估出现偏差，甚至得出错误的结论。但是，在监测分析过程中，即使是技术熟练的人，用同一方法对同一样品仔细地进行多次分析，也不能得到完全一致的分析结果，而只能获得在一定范围内波动的结果。这表明分析过程中的误差是客观存在的。因此，在进行样品测定时，必须对分析结果进行评价，判断其准确性，检查产生误差的原因，采取减少误差的有效措施，从而提高分析结果的可靠程度。

（一）真值

某一物理量本身具有的客观存在的真实数值，即为该量的真值。一般来说，真值是未知的，但下列真值可以知道：

（1）理论真值。

（2）计量学约定真值。

（3）相对真值。

（二）平均值

n 次测量数据的算术平均 $\bar{x}$ 值为：

$$\bar{x} = \frac{x_1 + x_2 + x_3 + \cdots + x_n}{n} = \frac{1}{n} \sum_{i=1}^{n} x_i$$

平均值虽然不是真值，但比单次测量结果更接近真值。因而在日常工作中，经常要重复测定数次，然后求得平均值。

（三）中位数

一组测量数据按大小顺序排列，中间一个数据即为中位数，当测量值的个数为偶数时，中位数为中间相邻两个测量值的平均值。它的优点是能简便直观说明一组测量数据的结果，且不受两端具有过大误差的数据的影响；缺点是不能充分利用数据，因而不如平均值准确。

（四）准确度和精密度

分析结果和真实值之间的差值叫误差。误差越小，分析结果的准确度越高，即准确度表示分析结果与真实值接近的程度。

在实际工作中分析人员在同一条件下平行测定几次，如果几次分析结果的数值比较接近，表示分析结果的精密度高。也就是说，精密度表示各次分析结果相互接近的程度。

（五）误差与偏差

测定结果（x）与真实值（x_T）之间的差值称为误差（E），即：

$$E = x - x_T$$

误差绝对值越小，表示测定结果与真实值越接近，准确度越高；反之，误差绝对值越大，准确度越低。

误差可用绝对误差与相对误差表示。绝对误差表示测定值与真实值之差，相对误差是指误差在真实值中所占的百分率。相对误差能反映误差在真实结果中所占的比例，这对于比较在各种情况下测定结果的准确度更为方便。

在实际工作中，对于待测定样品，一般要进行多次平行分析，以求得分析结果的算术平均值。在这种情况下，通常用偏差（d）来衡量所得分析结果的精密度，这表示测定结果（x）与平均结果（$\bar{x}$）之间的差值。

$$d = x - \bar{x}$$

（六）系统误差与随机误差

在监测分析中，对于各种原因导致的误差，根据其性质的不同，可以区分为系统误差和随机误差两大类。

系统误差是由某种固定的原因所造成的，使测定结果系统偏高或偏低。当重复进行测量时，它会重复出现。系统的大小、正负是可以测定的，至少在理论上说是可以测定的，所以又称为可测误差。系统误差的最重要特征是其具有单向性。根据其产生的原因可将其分为：方法误差、仪器和试剂误差、操作误差和主观误差。

随机误差也称为偶然误差，它是由一些随机的偶然的原因造成的。例如，测量时环境温度、湿度和气压的微小波动，仪器的微小变化，分析人员对各份试样处理时的微小差别等，这不可避免的偶然原因都将使分析结果在一定范围内波动，引起随机误差。

二、有效数字及其运算规则

（一）有效数字

在定量分析中，为了得到准确的分析结果，不仅要准确地进行各种测量，而且还要正确地记录和计算。分析所表达的不仅仅是试样中待测组分的含量，而且还反映了测量的准确程度。因此，在实验数据记录和计算中，保留几位数字不是任意的，要根据测量仪器、分析方法的准确度来决定。

对于任一物理量的测定，其准确度都是有一定限度的。记录测定结果的有效数字就是指实际上能测到的数字。在有效数字中，只有最后一位数字是可疑的，其他各数字都是确定的。

在数据处理过程中，涉及的各测量值的有效数字位数可能不同，一般按照一定的计算规则来确定各测量值的有效数字位数。数字舍取通常采用"四舍六入五成双"的规则。

（二）计算规则

（1）几个数据相加或相减时，它们的和或差只能保留 1 位可疑数字，即有效数字位数的保留，应以小数点后位数最少的数字为根据。

（2）在乘除法中，积或商的有效数字的保留应与其中相对误差最大的数值相对应。

（3）计算中涉及各种常数时，一般视其为准确值，不考虑其有效数字的位数。

三、数据统计处理

（一）标准偏差

当测量次数为无限多次时，各测量值对总体平均值 μ 的偏离，用总体标准偏差 σ 表示：

$$\sigma = \sqrt{\frac{\sum (x - \mu)^2}{n}}$$

计算标准偏差时，对单次测量偏差加以平方，这样做的好处是不仅可避免单次测量偏差相加时正负抵消，更重要的是能更显著地反映出大偏差，故能更好地说明数据的分散程度。

当测量次数不多（即有限次）时，总体平均值一般也是不知道的，这时要用样本的标准偏差 s 来衡量该组数据的分散程度。样本标准偏差的数学表达式为：

$$s = \sqrt{\frac{\sum (x - \bar{x})^2}{n - 1}} = \sqrt{\frac{\sum x^2 - (\sum x)^2/n}{n - 1}}$$

式中，$n-1$ 为自由度，以 f 表示。

单次测量结果的相对标准偏差（又称变异系数，RSD）为：

$$相对标准偏差（RSD）= \frac{s}{x} \times 1\,000‰$$

用统计学方法可以证明，当测定次数非常多时，标准偏差与平均偏差有下列关系：

$$\delta = \frac{\sum |(x - x_{\mathrm{T}})|}{n} = 0.797\,9\,\sigma$$

（二）随机误差的正态分布

随机误差是由一些偶然因素造成的误差，它的大小及方向难以预计，但用统计学方法处理，就可以发现它服从一定的统计规律，即测量数据一般符合正态分布规律。

正态分布曲线的数学表达式为：

$$y = f(x) = \frac{1}{\sigma\sqrt{2\pi}} e^{-(x-\mu)^2/2\sigma^2}$$

式中，y 为概率密度；x 为测量值；μ 为总体平均值，即无限次测定数据的平均值，在没有系统误差时，它就是真值；σ 为标准偏差，是总体平均值 μ 到曲线拐点间的距离；$x-\mu$ 为随机误差。

若以 $x-\mu$ 为横坐标，则曲线最高点对应的横坐标为 0，这时曲线成为随机误差的正态分布曲线（图 3-1）。

概率密度

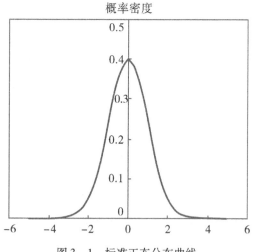

图 3-1　标准正态分布曲线

由正态分布曲线的表述式及示意图可以看出：

当 $x=\mu$ 时，y 值最大，即分布曲线的最高点。这体现了测量值的集中趋势，也就是说，大多数测量值集中在算术平均值附近，或者说算术平均值是最可信赖值或最佳值。

曲线以 $x = \mu$ 这一直线为其对称轴。这说明测量的随机误差中出现正误差与负误差的概率相等。

当 x 趋向于正负无穷大时，曲线以 x 轴为渐近线。表明测量时小误差出现概率大，而大误差出现概率小，出现很大误差的概率极小，趋近于零。

$x = \mu$ 时的概率密度为：

$$y_{(x=\mu)} = \frac{1}{\sigma\sqrt{2\pi}}$$

概率密度乘以 $\mathrm{d}x$，就是测量值落在该区间范围内的概率。由此可见，σ 越大，测量值落在附近的概率越小，这意味着测量时的精密度越差时，测量值的分布就越分散，正态分布曲线也就越平坦；反之，σ 越小，测量值的分散程度就越小，正态分布曲线也就越尖锐。

一旦 μ 与 σ 确定以后，数据的正态分布方程即可确定。由其正态分布方程可求出随机误差或测量值出现在某区间的概率，以 σ 为单位可测量值出现在某区间的概率情况见表 3 – 1：

表 3 – 1　以 σ 为单位测量值出现在某区间的概率

随机误差出现的区间	测量值出现的区间	概率/%
$u = 1\sigma$	$x = \mu \pm 1\sigma$	68.3
$u = 1.96\sigma$	$x = \mu \pm 1.96\sigma$	95.0
$u = 2\sigma$	$x = \mu \pm 2\sigma$	95.5
$u = 2.58\sigma$	$x = \mu \pm 2.58\sigma$	99.0
$u = 3\sigma$	$x = \mu \pm 3\sigma$	99.7

（三）少量数据的统计处理

正态分布是无限次测量数据的分布规律，而在实际工作中，只能对随机抽得的样本进行有限次的测量。

1. t 分布曲线

在实际工作中，由于测量数据数目不多，σ 也不能求得，这种情况下，人们只好改用样本标准偏差 s 来估计测量数据的分散情况。用 s 代替 σ 时，必然引起对正态分布的偏离，这时可用 t 分布来处理。

t 分布曲线如图 3 - 2 所示，纵坐标为概率密度，横坐标则为统计量 t。t 定义为：

$$t = \frac{x - \mu}{s_{\bar{x}}}$$

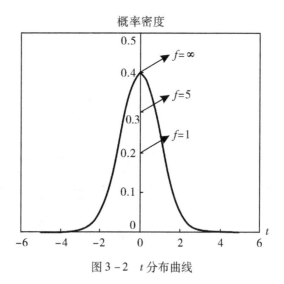

图 3 - 2　t 分布曲线

由图 3 - 2 可见，t 分布曲线与正态分布曲线相似，只是 t 分布曲线随自由度 f 而改变。当 f 趋近 ∞ 时，t 分布就趋近于正态分布。

　　与正态分布曲线一样，t 分布曲线下面一定范围内的面积就是该范围内的测定值出现的概率。但应该注意，对于正态分布曲线，只要 μ 值一定，相应的概率也就一定；但对于 t 分布曲线，当 t 值一定时，若 f 值不同，相应曲线所包括的面积即概率是不同的。不同 f 值及概率所对应的最常用的部分 t 值见表 3-2。表中置信度通常用 P 表示，它表示在某一值时，测定值落在 $\mu \pm ts$ 范围内的概率。落在此范围之外的概率为 $1-P$，称为显著性水准，用 α 表示。由于 t 值与自由度及置信度有关，故引用时常加注脚说明，一般表示为 t_α, f。

表 3-2　t_α, f 值表（双边）

f	置信度，显著性水准		
	$P=0.90$ $\alpha=0.10$	$P=0.95$ $\alpha=0.05$	$P=0.99$ $\alpha=0.01$
1	6.31	12.71	63.66
2	2.92	4.30	9.92
3	2.35	3.18	5.84
4	2.13	2.78	4.60
5	2.02	2.57	4.03
6	1.94	2.45	3.71
7	1.90	2.36	3.50
8	1.86	2.31	3.36
9	1.83	2.26	3.25
10	1.81	2.23	3.17
20	1.72	2.09	2.84
∞	1.64	1.96	2.58

置信度越高，置信区间就越大，即估计的区间包括真值的可能性也就越大。在化学分析中，一般将置信度设为95%或90%。

2. 显著性检验

在分析测定过程中，经常会遇到这样的情况：某一分析人员对标准试样分析得到的平均值与标准值不完全一致，或者采用两种不同的分析方法对同一试样进行分析得到的两组数据的平均结果不完全相符。2名不同分析人员或不同实验室对同一样品进行分析时，2组数据的平均结果存在较大的差异。这些情况引出一个问题：这些分析结果的差异是由偶然误差引起的，还是因为它们之间存在系统误差？如果分析结果之间存在明显的系统误差，就认为它们之间有显著性差异；否则，就认为没有显著性差异，即分析结果之间的误差纯属偶然误差引起的，是正常的，是人们可以接受的。

显著性检验方法在分析中最重要的是 t 检验法和 F 检验法。

（1）t 检验法。

1）平均值与标准值的比较。

在实际工作中，为了检查分析方法或操作过程是否存在较大的系统误差，可对标准试样进行若干次分析，再利用 t 检验法比较分析的平均值与标准试样的标准值之间是否存在显著性差异，就可作出判断。

在一定的置信度时，平均值的置信区间为：

$$\mu = \bar{x} \pm \frac{t_{\alpha,f}\, s}{\sqrt{n}}$$

很明显，如果这一区间能将标准值 μ 包括在其中，即使 $\bar{x}$ 与 μ 不完全一致，我们也只能作出 $\bar{x}$ 与 μ 之间不存在显著性差异的结论，因为按 t 分布规律，这些差异是偶然误差造成的，不属于系统误差。

进行 t 检验时，通常并不要求计算其置信区间，而是首先按

下式计算出 t 值：

$$\mu = \bar{x} \pm \frac{ts}{\sqrt{n}}$$

$$t = \frac{\left| \bar{x} - \mu \right|}{s} \sqrt{n}$$

如果 t 值大于 t_{α}, f，则存在显著性差异；否则，不存在显著性差异。在分析测定中，通常以 95% 或 90% 的置信度为检验标准，即显著性水准为 5% 或 10%。

例：采用某种新方法测定氨氮的含量（mg/L），得到下列 9 个分析结果：10.74，10.77，10.77，10.77，10.81，10.82，10.73，10.86，10.81。已知该样品的氨氮的标准值（以理论值代）为 10.77，试问新方法是否存在系统误差（置信度为 95%）？

解：

$$n = 9, f = 9 - 1 = 8$$

$$\bar{x} = 10.79, s = 0.042 \ (\%)$$

$$t = \frac{\left| \bar{x} - \mu \right|}{s} \sqrt{n} = \frac{\left| 10.79 - 10.77 \right|}{0.042} \sqrt{9} = 1.43$$

查表 3 - 2，当 $P = 0.95$，$f = 8$ 时，$t_{0.05,8} = 2.31$。$t < t_{0.05,8}$。因此，$\bar{x}$ 与 μ 之间不存在显著性差异，即用新方法测定氨氮不存在系统误差。

2）两组平均值的比较。

不同分析人员或同一名分析人员采用不同方法分析同一样品，所得到的平均值一般是不相等的。判断这两组数据是否存在系统误差亦可用 t 检验法。

设两组分析数据为：

$$
\begin{array}{ccc}
n_1 & s_1 & \bar{x}_1 \\
n_2 & s_2 & \bar{x}_2
\end{array}
$$

s_1 和 s_2 分别表示第一组和第二组数据的精密度。两组数据平均值 $\bar{x}_1$ 与 $\bar{x}_2$ 之间是否存在显著性差异，必须推导出计算两个平均值之差的 t 值。设两组数据的真值为 μ_1 和 μ_2，则有：

$$\mu_1 = \bar{x}_1 \pm \frac{ts}{\sqrt{n_1}}$$

$$\mu_2 = \bar{x}_2 \pm \frac{ts}{\sqrt{n_2}}$$

若两组数据无显著差异，则可认为来自同一总体，即 $\mu_1 = \mu_2$，故：

$$\bar{x}_1 \pm \frac{ts}{\sqrt{n_1}} = \bar{x}_2 \pm \frac{ts}{\sqrt{n_2}}$$

$$\bar{x}_1 - \bar{x}_2 = \pm ts \sqrt{\frac{n_1 n_2}{n_1 + n_2}}$$

所以，$t = \dfrac{\bar{x}_1 - \bar{x}_2}{s} \sqrt{\dfrac{n_1 n_2}{n_1 + n_2}}$（其中 s 为合并标准偏差）。

很明显，当 t 值大于 t_a, f 时，可以认为 $\mu_1 \neq \mu_2$，两组分析数据不属于同一总体，即它们之间存在显著性差异；反之，当 $t \leqslant t_a$, f 时，可以认为 $\mu_1 = \mu_2$，两组数据属于同一总体，即它们之间不存在显著差异。

（2）F 检验法。

F 检验法主要通过比较两组数据的方差 s^2，以确定它们的精密度是否有显著性差异。至于两组数据之间是否存在系统误差，则在进行 F 检验并确定它们的精密度没有显著性差异之后，再进行 t 检验。

已知样本标准偏差 s 为：

$$s = \sqrt{\frac{\sum (x - \bar{x})^2}{n - 1}}$$

故样本方差 s^2 为：

$$s^2 = \frac{\sum (x - \bar{x})^2}{n - 1}$$

F 检验法的步骤较简单，首先计算出两个样本的方差，分别为 $s_{大}^2$ 和 $s_{小}^2$，它们相应地代表方差较大和较小的那组数据的方差。然后计算 F 值：

$$F = \frac{s_{大}^2}{s_{小}^2}$$

很明显，如果两组数据的精密度相差不大，则 $s_{大}^2$ 和 $s_{小}^2$ 相差也不大，F 值则将趋近于 1；相反，如果两者之间存在显著性差异，则 $s_{大}^2$ 和 $s_{小}^2$ 之间的差别就会很大，相应 F 值也一定很大。在一定置信度及自由度的情况下，计算得到的 F 值与表 3-3 中所列 F 值相比较，如果计算得到的 F 值大于表中所列的 F 值，则认为两组数据间存在显著性差异，否则不存在显著性差异。

表 3-3　置信度为 95% 时 F 的值（单边）

$f_{小}$ ＼ $f_{大}$	2	3	4	5	6	7	8	9	10	∞
2	19.00	19.16	19.25	19.30	19.33	19.36	19.37	19.38	19.39	19.50
3	9.55	9.28	9.12	9.01	8.94	8.88	8.84	8.81	8.78	8.53
4	6.94	6.59	6.39	6.26	6.16	6.09	6.04	6.00	5.96	5.63
5	5.79	5.41	5.19	5.05	4.95	4.88	4.82	4.78	4.74	4.36
6	5.14	4.76	4.53	4.39	4.28	4.21	4.15	4.10	4.06	3.67
7	4.74	4.35	4.12	3.97	3.87	3.79	3.73	3.68	3.63	3.23
8	4.46	4.07	3.84	3.69	3.58	3.50	3.44	3.39	3.34	2.93
9	4.26	3.86	3.63	3.48	3.37	3.29	3.23	3.18	3.13	2.71
10	4.10	3.71	3.48	3.33	3.22	3.14	3.07	3.02	2.97	2.54
∞	3.00	2.60	2.37	2.21	2.10	2.01	1.94	1.88	1.83	1.00

注：$f_{大}$、$f_{小}$ 分别表示大、小方差数据的自由度。

用 F 检验法来检验两组数据的精密度是否有显著性差异时，必须首先确定它是单边检验还是双边检验，前者是指一组数据的方差只能大于等于但不可能小于另一组数据的方差，后者是指一组数据的方差可能大于等于或小于另一组数据的方差。

（四）异常值的取舍

在实验中，得到一组数据之后，往往有个别数据与其他数据相差较远，这种数据称为异常值，又称可疑值或极端值。如果在重复测定中发现某次测定有失常情况，则这次测定值必须舍去。若某次测定并无失误而结果又与其他值差异较大，则对于该异常值是保留还是舍去，应按一定的统计学方法进行处理。常用的方法有 $4\bar{d}$ 法、Grubbs 法及 Dixon 检验法。

1. $4\bar{d}$ 法

根据正态分布规律，偏差超过 3σ 的个别测定值的概率小于 0.3%，故当测定次数不多时，这一测定值通常可以舍去。已知 $\delta=0.8\sigma$，$3\sigma\approx4\delta$，即偏差超过 4δ 的个别测定值可以舍去。

对于少量实验数据，只能用 s 代替 σ，用 $\bar{d}$ 代替 δ，故粗略地可以认为，偏差大于 $4\bar{d}$ 的个别测定值可以舍去。很明显，这样处理是存在较大误差的。但由于这种方法比较简单，不必查表，故至今还为人们所采用。但这种方法只能应用于处理一些要求不高的实验数据。当 $4\bar{d}$ 法与其他检验法相矛盾时，应以其他法则为准。

2. Grubbs 法

有一组数据，从小到大排列为：

$$x_1,\ x_2,\ x_3,\ x_4,\ \cdots,\ x_{n-1},\ x_n$$

其中，x_1 或 x_n 可能是异常值，需要首先进行判断，决定其取舍。

用 Grubbs 法判断异常值时，首先计算出该组数据的平均值及标准偏差，再根据统计量 T 进行判断。统计量 T 与异常值、平均值及标准偏差有关。

设 x_1 是可疑的，则：

$$T = \frac{\bar{x} - x_1}{s}$$

设 x_n 是可疑的，则：

$$T = \frac{x_n - \bar{x}}{s}$$

如果 T 值很大，说明异常值与平均值相差很大，有可能要舍去。至于 T 值要多大该异常值应舍去呢？这要看我们对置信度的要求如何。统计学家已制定出临界 $T\alpha$，n 表（表 3 - 4）供查阅。如果 $T \geq T\alpha$，n，则异常值应舍去，否则应保留。α 为显著性水准，n 为实验数据数目。

表 3 - 4　$T\alpha$，n 值表

n	显著性水准 α		
	0.05	0.025	0.01
3	1.15	1.15	1.15
4	1.46	1.48	1.49
5	1.67	1.71	1.75
6	1.82	1.89	1.94
7	1.94	2.02	2.10
8	2.03	2.13	2.22
9	2.11	2.21	2.32
10	2.18	2.29	2.41
11	2.23	2.36	2.48
12	2.29	2.41	2.55
13	2.33	2.46	2.61
14	2.37	2.51	2.63
15	2.41	2.55	2.71
20	2.56	2.71	2.88

環境监测实验教程

例：采用某种新方法测定 BOD5 的含量（mg/L），得到下列 4 个分析结果：1.25，1.27，1.31，1.40。试问 1.40 的数据是否保留（置信度为 95%）？

解：$\bar{x} = 1.31$，$s = 0.066$

$$T = \frac{x_n - \bar{x}}{s} = \frac{1.40 - 1.31}{0.066} = 1.36$$

查表 3 - 4，$T_{0.05,4} = 1.46$，$T < T_{0.05,4}$，因此 1.40 这个数据应该保留。

3. Dixon 检验法

有一组数据，从小到大排列为：

$$x_1, \ x_2, \ x_3, \ x_4, \ \cdots, \ x_{n-1}, \ x_n$$

其中，x_1 或 x_n 可能是异常值，需要首先进行判断，决定其取舍。

首先，按表 3 - 5 中的计算式求得 Q 值。

表 3 -5　Dixon 检验法统计量 Q 计算公式

n 值范围	可疑数据为最小值 x_1 时	可疑数据为最小值 x_n 时	n 值范围	可疑数据为最小值 x_1 时	可疑数据为最小值 x_n 时
$3 \sim 7$	$Q = \dfrac{x_2 - x_1}{x_n - x_1}$	$Q = \dfrac{x_n - x_{n-1}}{x_n - x_1}$	$11 \sim 13$	$Q = \dfrac{x_3 - x_1}{x_{n-1} - x_1}$	$Q = \dfrac{x_n - x_{n-2}}{x_n - x_2}$
$8 \sim 10$	$Q = \dfrac{x_2 - x_1}{x_{n-1} - x_2}$	$Q = \dfrac{x_n - x_{n-1}}{x_n - x_2}$	$14 \sim 25$	$Q = \dfrac{x_3 - x_1}{x_{n-2} - x_1}$	$Q = \dfrac{x_n - x_{n-2}}{x_n - x_3}$

根据给定的显著性水准和样本容量从表 3 -6 中查得临界值（Q_α）。如果 $Q > Q_\alpha$，则异常值应舍去，否则应保留。

表 3－6　Dixon 检验临界值表（Q_α）

n	显著性水准（α）		n	显著性水准（α）	
	0.05	0.01		0.05	0.01
3	0.941	0.988	15	0.525	0.616
4	0.765	0.889	16	0.507	0.595
5	0.642	0.780	17	0.490	0.577
6	0.560	0.698	18	0.475	0.561
7	0.507	0.637	19	0.462	0.547
8	0.554	0.683	20	0.450	0.535
9	0.512	0.635	21	0.440	0.524
10	0.477	0.597	22	0.430	0.514
11	0.576	0.679	23	0.421	0.505
12	0.546	0.642	24	0.413	0.497
13	0.521	0.615	25	0.406	0.489
14	0.546	0.641			

异常值的取舍是一项十分重要的工作，在实验过程中得到一组数据后，如果不能确定个别异常值确系由于"过失"引起的，我们就不能轻易地去掉这些数据，而要用上述统计检验方法进行判断之后确定取舍。在完成数据取舍工作之后再进行其他有关数理统计工作。

四、数据回归分析

某组分的含量与其测定值之间的关系，有时可以用一条直线来表示。由于组分的含量是用基准物质的质量或标准溶液的浓度来表示的，误差较小，可视为具有足够的精密度，测量值则是随机变量。这种直线的斜率及截距可以用最小二乘法来求得。绘制好标准曲线后，利用它来计算未知物质的含量时可以用回归分析来估计计算结果的误差。

（一）一元线性回归方程

分析测定中的标准曲线都可以用一元线性方程来表示：

$$y = a + bx$$

由于测量误差必然存在，测量值总是围绕着这一直线有一定程度的离散，使用最小二乘法可以通过测量点确立最能反映其真实分布状况的最佳直线，在该直线上所有测量值的偏差平方和为最小。所得直线 $y = a + bx$ 称为回归线，故又称为一元线性回归方程，为回归系数。

回归系数可以由下式求得：

$$a = \frac{n \sum\limits_{i=1}^{n} xy - \sum\limits_{i=1}^{n} x \sum\limits_{i=1}^{n} y}{n \sum\limits_{i=1}^{n} x^2 - (\sum\limits_{i=1}^{n} x)^2}$$

$$b = \frac{\sum\limits_{i=1}^{n} x^2 \sum\limits_{i=1}^{n} y - \sum\limits_{i=1}^{n} x \sum\limits_{i=1}^{n} xy}{n \sum\limits_{i=1}^{n} x^2 - (\sum\limits_{i=1}^{n} x)^2}$$

一旦 a，b 的值确定之后，一元线性回归方程及回归直线就确定了。

（二）相关系数

相关系数是表示两个变量之间关系的性质和密切程度的指标，即可以用相关系数（r）来检验及判断回归线是否有意义。其定义为：

$$r = \frac{\sum\limits_{i=1}^{n} (x_i - \bar{x})(y_i - \bar{y})}{\sum\limits_{i=1}^{n} (x_i - \bar{x})^2 \sum\limits_{i=1}^{n} (y_i - \bar{y})^2}$$

若所有的 y_i 值都在回归线上时，则 $r = \pm 1$，$r = +1$ 称为完全正相关，$r = -1$ 称为完全负相关。

当 y 与 x 之间完全不存在线性关系时，$r = 0$。

当 r 值在 ±1 和 0 之间时，表示 y 与 x 之间存在相关关系。其绝对值越接近 1，线性关系就越好。

以相关系数判断线性关系的好坏时，还应考虑测量次数及置信水平。表 3 - 7 列出了不同置信水平及自由度时的相关系数的值。若计算出的相关系数的值大于相应的数值，就可以认为这种线性关系是有意义的。

表 3 - 7　检验相关系数的临界值表

$f = n - 2$		1	2	3	4	5	6	7	8	9	10
置信度	90%	0.988	0.900	0.805	0.729	0.669	0.622	0.582	0.549	0.521	0.497
	95%	0.997	0.950	0.878	0.811	0.755	0.707	0.666	0.632	0.602	0.576
	99%	0.9998	0.990	0.959	0.917	0.875	0.834	0.798	0.765	0.735	0.708
	99.9%	0.999 99	0.999	0.991	0.974	0.951	0.925	0.898	0.872	0.847	0.823

五、提高分析结果准确度的方法

环境监测的质量保证从大的方面可分为采样系统及测定系统两部分，如何提高实验室分析测定时的准确度即保证分析测定质量是测定系统的重要组成部分。减少分析过程中的误差可以从以下四个方面着手。

1. 选择合适的分析方法

各种分析方法的准确度和灵敏度是不相同的，应尽量选择对于所测样品合适的方法以减小误差。

2. 减小测量误差

为了保证分析结果的准确度，必须尽量减小测量误差。例如：对于一些重量与滴定分析而言，往往能通过提高称重量及增大滴定体积来减小测量误差。

3．增加平行测定次数，减小随机误差

平行测定次数越多，平均值越接近真实值，因此，增加测定次数，可以减小随机误差。对于同一样品，通常要求平行测定 2～4 次，以获得较准确的分析结果。

4．消除测量过程中的系统误差

消除测量过程中的系统误差是个非常重要而又比较难以处理的问题。在实际工作中，有时遇到这样的情况，几个平行测定结果非常接近，似乎分析结果没有什么问题了，可是用其他可靠的方法再检查，就会发现分析结果中有严重的系统误差，甚至有严重差错。由此可见，在分析测定工作中，必须十分重视系统误差的消除。

造成系统误差的原因有很多，通常根据具体情况，采用不同的方法来检验及消除系统误差。

（1）对照试验。对照试验是检验系统误差的有效方法。进行试验时，常用已知的试样与被测试样一起进行对照试验，或用其他可靠的分析方法进行对照试验。标准试剂常用于对照试验，进行对照试验时，应尽量选择与试样组成相近的标准试样。根据标准试样的分析结果，即可判断试样分析结果有无系统误差。

进行对照试验时，如果对试样的组成不完全清楚，则可以采用"加标回收法"进行试验。这种方法是向试样中加入已知量的被测组分，然后进行对照试验，看看加入的被测组分能否定量回收，以此判断分析过程中是否存在系统误差。

用其他可靠的分析方法进行对照试验也是经常采用的一种办法。作为对照试验用的分析方法必须可靠，一般选用国家公布的标准分析方法或公认的经典分析方法。

有时为了检查分析人员之间是否存在系统误差和其他问题，常在安排样品分析任务时，将一部分样品重复安排在不同分析人

员之间，互相进行对照试验，这种方法称为"内检"。有时又将部分样品送交其他单位进行对照分析，这种方法称为"外检"。

（2）空白试验。由于试剂及器皿带进所造成的系统误差一般可作空白试验来扣除。空白试验就是在不加样品的情况下，按照样品分析同样的操作手续和条件进行试验。试验所得结果称为空白值。从样品分析结果中扣除空白值后，就得到比较可靠的分析结果。

空白值一般不应很大，否则扣除空白时会引起较大的误差。当空白值较大时，就只好用提纯试剂和改用适当的器皿来解决问题。

（3）校准仪器。仪器不准确引起的系统误差，可以通过校准仪器来减小其影响。在日常分析工作中，因仪器出厂时已进行过校准，只要仪器保管妥善，通常可以不再进行校准。

（4）分析结果校正。分析过程中的系统误差，有时可采用适当的方法进行校正。

第四章　土壤环境质量监测

概　　论

土壤环境质量监测是环境监测的重要内容之一。制定土壤环境质量监测方案和制定水、气监测方案一样，首先需根据监测目的进行调查研究，收集相关资料，在综合分析的基础上，合理布设采样点，确定监测项目和采样方法，选择监测分析方法，建立质量保证程序和措施，提出监测数据处理要求，并安排实施计划。

一、监测目的

1. 土壤质量现状监测

进行土壤质量现状监测的目的是判断土壤是否被污染及污染状况，并预测其发展变化趋势。

2. 土壤污染监测

由于外源输入对土壤造成了污染，或者是土壤结构和性质发生了明显变化或者对作物造成了伤害，需要调查分析其主要污染物，确定污染来源、范围和程度。

3. 污染物土地处理的动态监测

针对进行污水、污泥土地利用、固体废弃物的土地处理过程中污染物尤其是有机污染物对土壤的污染进行定点长期动态监测。

4. 土壤背景值调查

通过分析测定土壤中某些元素含量，确定背景值水平和变化，了解元素的丰缺和供应状况。

二、收集资料

资料收集主要包括自然环境和社会环境两方面，为优化布点提供依据。自然环境方面的资料主要包括土壤类型、植被状况、区域土壤元素背景值、土地利用方式、水土流失情况、水系及地下水分布、地质、地形地貌、气象条件等。社会环境方面的资料包括工农业生产布局、工业污染源种类和分布、污染物种类及排放途径和排放量、农药和化肥使用情况、污灌和污泥施用情况、人口分布、地方病等。

三、监测项目

土壤监测项目主要根据监测目的确定。我国《土壤环境质量标准》中规定需监测重金属类、农药类等及 pH 值共 11 项。包括铁、锰、总钾、有机质、总氮、有效磷、总磷、水分、总硒、有机硼、总硼、总钼、氟化物、氯化物、矿物油、苯并（a）芘、全盐量。

四、采样点的布设

（一）布设原则

由于土壤监测面积大、土壤污染空间变异性大，因此需合理划分采样单元，把采样地划分成若干采样单元，同时在不受污染源影响的地方选择对照采样单元。采样点不能设在田边、沟边、路边、堆肥边及水土流失严重或表层土被破坏处。

（二）采样点数量

一般根据监测目的、区域范围大小以及环境状况等因素确定，一般要求每个采样单元至少设 3 个采样点。

（三）采样点布设方法

采样点布设方法主要有对角线布点法、梅花形布点法、棋盘式布点法、蛇形布点法、放射状布点法、网格布点法。

五、监测方法

样品在分析测定前先要进行预处理，监测分析方法依据所测定项目不同而确定。

实验九　土壤样品的采集与制备

一、概述

依据土壤剖面中物质累积、迁移和转化的特点，一个发育完全的自然土壤剖面，从上到下可划出 3 个最基本的发生层次，即淋溶层（A 层）、淀积层（B 层）、风化层（C 层），组成典型的土体构型。对于森林土壤，在 A 层的上面还有一层，即为枯枝落叶层所覆盖，传统上称覆盖层，或有机层（O 层）。

在本次实验中，我们拟采集山坡上的果园土。由于多年未经耕作，也有可能在 A 层上有着极薄的覆盖层。同学们在采样时应注意辨别。取土时应先去除覆盖层。

1. 淋溶层（A 层）

处于土体的最上部，又称表土层，包括有机质的累积层或物质淋溶层。本层中生物活动最为强烈，进行着有机质的积累转化作用，形成一个颜色较暗、一般具有粒状结构的层次。如果在比较湿润的地区，这一层内还发生物质（包括有机质和矿物质）的淋溶作用，所以又叫淋溶层。

由于土壤有机质对土壤肥力的贡献大，同时有机质对土体中的某些矿物质还可以产生酸性淋溶、还原、漂洗和螯移作用，对土层的分化有很强的影响。

同样，在本层进行的物质淋溶作用，使某些物质移动到土体下层或移出土体之外，促使土体构型分异，形成了别的发生层次。因此，A 层是土壤剖面中最为重要的发生学层次，不论是自然土壤还是耕作土壤，不论是发育完全的剖面还是发育较差的剖面，都有 A 层。

2．淀积层（B）

本层是由物质淀积作用而造成的。本层的淀积物主要来自土体的上部；也可以来自土体的下部及地下水，由地下水上升，带来水溶性或还原性物质，因土体中部环境条件改变而发生沉积聚集；还可以来自人们施用石灰、肥料等来自土体外部的物质，这些物质在土体的中部、下部乃至土体的表层淀积。因此，淀积层通常有以下四种情况。

（1）淀积层一般在土体的中部或下部，并不排除表层的聚集。

（2）淀积层的物质多种多样，有黏粒，有钙质物（如碳酸钙、石膏）、铁、锰、铝等，它们和黏粒混杂，或各自形成单独的新生体。

（3）由于物质在土体某一部位的沉积需要一定的条件，或是在某种生物气候带，土壤的风化淋溶作用十分强烈，被风化淋溶的物质被彻底自土体淋失而无淀积层（如砖红壤）或淀积层发育得非常微弱（如初育土）。因此，一个发育完全的剖面，必须有淀积层这个重要的发生层。

（4）许多土壤类型的诊断层次是淀积层，因为淀积层比较能完整地反映成土过程的特征，而且比较稳定。

3．风化层（C）

地球表面经各种风化作用而形成的疏松堆积层。从上到下，物质逐渐变粗，终止于基岩。

二、实验目的

了解土壤样品的采集方法，重点掌握土壤样品的制备方法。

三、土壤样品的采集

土壤样品的采集需要遵守一定的规范，对于布点、剖面、采样部位、采样量等都有明确要求。由于土壤样品实际采集需要足够的场地等条件（需要挖掘土壤剖面），采集以后的样品干燥处理也需时较长（需要 1 周以上）。因此，本次实验省略了野外土壤采集，而利用已经采集风干的土壤进行样品制备。

四、土壤样品的制备

（一）制样工作场地

应设风干室、磨样室。房间向阳（严防阳光直射土壤样品），通风、整洁、无扬尘、无易挥发化学物质。

（二）制样工具与容器

（1）晾干用白色搪瓷盘或木盘。

（2）磨样用玛瑙研磨机、玛瑙研钵、白色瓷研钵、木滚、木棒、木槌、有机玻璃棒、有机玻璃板、硬质木板、无色聚乙烯薄膜等。

（3）过筛用尼龙筛，规格为 20 目、60 目两种。

（4）分装用无色聚乙烯塑料样品袋（容量 100 g）。

（三）实验组织

（1）3 人一组，即每一桌分为 2 个组，方便操作。

（2）每个小组各自采集已经混合、风干好的土壤样品一份（重量约 500 g），并注意样品的原始标签。将原始标签填写进样品单（表 4-1）内，一式两份。采样组自存一份，另一份随样品保存（处理完毕后交给指导老师）。注意样品的原始标签不要写错，以免与其他小组的样品混淆。

（四）制样程序

（1）样品粗磨。将样品倒在有机玻璃板上，用锤、滚、棒再次压碎，拣出杂质并用四分法分取压碎样（取一半）。然后，用白瓷研钵粗磨至全部过 20 目尼龙筛。过筛后的样品全部置于无色聚乙烯薄膜上，充分混合直至均匀。

（2）粗样品存留。经粗磨后的样品用四分法分成 2 份，一份留作备份，另一份作样品细磨用（粗磨样可直接用于土壤 pH、土壤代换量、土壤速测养分含量、元素有效性含量分析）。

（3）样品细磨。用研钵将样品研磨至全部过 60 目尼龙筛，过 60 目（孔径 0.25 mm）土样，用于农药或土壤有机质、土壤全氮量等分析［如果过 100 目（孔径 0.149 mm）的土样，则可用于土壤元素全量分析］。

（4）样品分装。前述的粗磨样品以及经研磨混匀后的最终细样品共 2 种，各采用四分法取一半量（50～60 g），分装于样品袋内。每种均填写土壤标签（表 4 - 2），一式两份。标签袋内放 1 份，外贴 1 份，并填写好样品单，核对后将 2 种样品连同样品单一起交给指导老师。

最终提交的成果应当是：土壤粗样品（20 目）50 g 左右，土壤细样品（60 目、100 目）各 50 g 左右。

（五）制样注意事项

（1）制样中，采样时的原始土壤标签与土壤样始终放在一起，严禁混错。不同小组选取的土壤样品可能大不一样，因此，一定要注意填写好原始样品标签。

（2）每个样品经磨碎、分装后至最后完成的整个过程中，使用的工具与盛样容器应保持一致，不得中途更换，更不能临时借用别组同学用过的工具。

（3）制样所用工具每处理完一份样品后，一定要彻底清洗，严防给后来使用者带来土壤的交叉污染。

（4）样品单请各小组自留一份，下次实验按单取回自己的样品。

表4-1　土壤样品单

班级：　　　　　　　　　　　　　　小组：

样品原始标签	
采样量	
粗样量	
粗磨样品标签	
细样量	
细样品标签	
实验组员签名	
备注：	

表4-2　标签格式

土壤原始标签	
样品标签	
小组	
日期	

实验十　土壤有机质的测定

一、概述

土壤中有机质的含量一般通过测定有机碳的含量计算求得，将所测得的有机碳乘以 1.724 常数，即为有机质总量。但这只是一个近似数值，因为各种有机质的含碳量是不完全一致的。

二、原理

在加热条件下，用一定量的标准 $K_2Cr_2O_7$ – H_2SO_4 溶液氧化有机碳，多余的 $K_2Cr_2O_7$ 用 $FeSO_4$ 溶液滴定，根据等当量反应原理，由消耗的 $K_2Cr_2O_7$ 量即可推算出有机碳的量，再乘以常数 1.724 和校正系数 1.1，即为有机质含量。

其反应方程式如下：

$2K_2Cr_2O_7 + 3C + 8H_2SO_4 = 2K_2SO_4 + 2Cr_2(SO_4)_3 + 3CO_2 \uparrow + 8H_2O$

$K_2Cr_2O_7 + 6FeSO_4 + 7H_2SO_4 = K_2SO_4 + Cr_2(SO_4)_3 + 3Fe_2(SO_4)_3 + 7H_2O$

三、试剂

（1）$K_2Cr_2O_7$ 标准溶液。称取经过 130 ℃ 烘 3～4 小时的 $K_2Cr_2O_7$（分析纯）3.923 g，溶于 40 mL 蒸馏水中，必要时可加热溶解，冷却后定容到 100 mL。该标准液的摩尔浓度为 0.133 3 mol/L。

（2）0.2 mol/L $FeSO_4$ 储备液。称取 $FeSO_4 \cdot 7H_2O$（分析纯）5.6 g 或者 $(NH_4)_2SO_4 \cdot FeSO_4 \cdot H_2O$ 7.8 g，溶解于 100 mL 蒸馏水中，加入 0.5 mL 浓 H_2SO_4 搅匀。如有沉淀物，静置片刻，

77

取清液转入另一烧杯中备用。此为 0.2 mol/L 的 $FeSO_4$ 储备液。

（3）$FeSO_4$ 标准溶液。

（4）邻非啰啉指示剂。称取 $FeSO_4$（化学纯）0.695 g 和邻非啰啉（分析纯）1.485 g 溶于 100 mL 蒸馏水中，此时试剂与 $FeSO_4$ 形成红棕色络合物，即 $[Fe(C_{12}H_3N_2)_3]^{2+}$。

（5）石蜡或植物油 2 000～3 000 g。

（6）（1+3）硫酸。取浓 H_2SO_4 10 mL，在不断搅动下缓慢地沿着玻棒徐徐加入到 30 mL 水中。注意随时观察液体的变化，发出响声时表明液体局部过热、即将暴沸。这时候要暂停加入，加强搅动至均匀后再恢复加入。

切记：①严格按照操作规程来操作。任何情况下，不得反过来将水倒入浓 H_2SO_4 中；②加入 H_2SO_4 的速度要慢，注意随时观察局部液体的变化，多多搅动使充分均匀，不要让浓 H_2SO_4 在局部积聚量过多；③不得俯视液体表面。

四、实验步骤

1. $FeSO_4$ 标准溶液的标定

上述的 $FeSO_4$ 储备液使用前述的 $K_2Cr_2O_7$ 标准溶液标定，求出其准确的浓度，即为用于本实验的 $FeSO_4$ 标准溶液（滴定液）。由于 $FeSO_4$ 极易氧化，故每次实验前该标准溶液都必须标定。

准确量取上述的 $K_2Cr_2O_7$ 标准溶液（0.133 3 mol/L）3.00 mL 于三角锥瓶内，加入（1+3）硫酸 10 mL，用洗瓶冲洗锥瓶内壁至锥瓶内溶液体积为 60～80 mL，然后加入邻非啰啉指示剂 3～5 滴，用 $FeSO_4$ 溶液滴定，溶液由黄色经绿色突变至棕红色即为终点。

一般做平行样 3 次，3 次 $FeSO_4$ 溶液的消耗量之差必须控制在 0.02 mL 以内，如果前两次已经可以达到此精密度，则第三次可以考虑免去。

根据：$K_2Cr_2O_7 \longrightarrow 6FeSO_4$

即在反应中，1 mol $K_2Cr_2O_7$ 对等于 6 mol 的 $FeSO_4$，所以：

$$C_{FeSO_4} \times V_{FeSO_4} = 6 \times C_{K_2Cr_2O_7} \times V_{K_2Cr_2O_7} = 6 \times 1.133\ 3 \times 3.00$$
$$= 2.400$$

式中，C_{FeSO_4}（mol/L）$= 2.400/V_{FeSO_4}$

V_{FeSO_4} 为滴定时消耗的硫酸亚铁溶液体积（mL）。

2. 土壤样品的消化

准确称取通过 60 目筛的风干样品 0.1～0.5 g（称样量根据样品有机质含量确定，精确至 0.000 1 g）。放入干的硬质试管中，用吸量管加入重铬酸钾标准溶液 5.00 mL，再加入浓硫酸 5.0 mL，小心摇匀。

预先将石蜡油浴锅温度升至 185～190 ℃，将试管插入铁丝笼中，并将铁丝笼放入上述油锅中加热，此时温度应控制在 170～180 ℃，使溶液保持沸腾 5 分钟。然后取出铁丝笼，待试管稍冷后用草纸擦净外部油液。

3. 样品测定

冷却后将试管内容物洗入 250 mL 三角瓶中，使瓶内总体积为 60～80 mL，然后加入邻非啰啉指示剂 3～5 滴，用 $FeSO_4$ 溶液滴定，溶液由黄色经绿色突变至棕红色即为终点。

4. 空白试验

在测定样品的同时做空白试验，可用纯石英砂或灼烧土代替样品，其他步骤同上。

五、结果计算

1. 被土壤中有机碳消耗的 $K_2Cr_2O_7$ 的量

通过空白试验消耗的 $FeSO_4$ 的量减去实际滴定消耗的 $FeSO_4$

量，即可求出被土壤中有机碳所消耗的 $K_2Cr_2O_7$ 的量。在 $K_2Cr_2O_7$ 与 $FeSO_4$ 之间的氧化 - 还原反应中：

$$K_2Cr_2O_7 \longrightarrow 6FeSO_4$$

即在反应中，1 mol $K_2Cr_2O_7$ 对等于 6 mol 的 $FeSO_4$，所以：

被土壤有机碳消耗的 $K_2Cr_2O_7$ 摩尔数

= 标准 $FeSO_4$ 溶液的摩尔浓度 ×（空白试验体积 - 滴定消耗体积）/6 …………………………………………（1）

2．土壤中有机碳的量

土壤中有机碳的量与上述被有机碳消耗的 $K_2Cr_2O_7$ 的量按下式进行：

$$2K_2Cr_2O_7 \longrightarrow 3FeSO_4$$

在平衡反应中，2 mol $K_2Cr_2O_7$ 对等于 3 mol 的 $FeSO_4$，即：

土壤中有机碳的摩尔数 = 被土壤有机碳消耗的 $K_2Cr_2O_7$ 摩尔数 ×3/2 （2）

综合（1）（2）可得出：

土壤中有机碳的摩尔数 = 标准 $FeSO_4$ 溶液的摩尔浓度 ×（空白试验体积 - 滴定消耗体积）/4

再转换成重量，即：

土壤中有机碳的重量

= 土壤中有机碳的摩尔数 × 碳的摩尔质量

= ［标准 $FeSO_4$ 溶液的摩尔浓度 ×（空白试验体积 - 滴定消耗体积）/4］×12（g/mol）

= 标准 $FeSO_4$ 溶液的摩尔浓度 ×（空白试验体积 - 滴定消耗体积）×3

注意：上述体积要转换成升再代进公式计算，否则结果将被放大 1 000 倍。

3．土壤中有机碳的量与有机质的量的转换

土壤中有机碳的重量乘以系数 1.724，再乘以校正系数 1.1，即为土壤中有机质的重量（g）。即：

有机质重量 = 1.724 × 1.1 × 有机碳的重量

所得结果再除以样品重量，乘以百分数即为本次实验的最终结果。即：

有机质含量 = （有机质重量/样品重量）×100%

六、注意事项

（1）此法要求有机质含量在 2% 以上者，相对误差不超过 0.5%，有机质含量低于 2% 的，相对误差不超过 0.05%。

必须根据有机质含量多少来决定称样量。一般有机质在 7% ～ 15% 的土样可称 0.05 ～ 0.10 g，2% ～ 4% 者可称 0.05 ～ 0.20 g，少于 2% 者可称 0.5 g 以上，以减少误差。

（2）由于该法所测得的有机碳一般只能为实际含量的 90%，因此必须乘以校正常数 1.1。

（3）消化沸腾的时间必须准确，否则，对分析结果有较大的影响，必须从试管内溶液表面开始翻动才能计算时间。

（4）遇到有氯化物的样品时可加入少量硫酸银除去影响。

（5）测定有机质时必须用风干样品。水稻土及一些长期渍水的土壤，由于有较多的还原性物质存在，可消耗 $K_2Cr_2O_7$ 用量，致使结果偏高。因此，必须预先将此类样品经磨细后摊成薄层风干 10 天左右，使还原性物质充分氧化再进行测定。

（6）消煮温度要严格控制在 170 ～ 180 ℃。当加浓 H_2SO_4 时会产生大量热量，可趁热放入油浴中消煮。因此，加液和加热时间要预先估计好。

（7）消煮好的溶液颜色，一般应是黄色或黄中稍带绿色。如果以绿色为主，则说明 $K_2Cr_2O_7$ 用量不足。在滴定时消耗的 $FeSO_4$ 量少于空白用量的 $\frac{1}{3}$ 时，表明土壤中有机质含量较高，

$K_2Cr_2O_7$ 用量不足，有氧化不完全的可能，应减少取样量重做。

七、数据处理

（1）每位同学要求至少做 3 个平行样品。在实验报告中给出平均测定值；空白样可只做 1 个，没有把握的同学鼓励多做几个，取平均值。

（2）注意有效数字及其表达方法。实验最终结果用算术平均值表示，保留 3 位有效数字。有兴趣的同学可以在实验报告中给出本次实验结果的精密度，以相对平均偏差来表达。

（3）实验报告包括土壤样品的制备及土壤中有机质的测定两个部分。

第五章 空气质量监测

概 论

一、监测方法

空气质量监测方法主要有三种：瞬时采样法、24 小时连续采样法、空气质量自动监测系统。

二、监测项目

对于连续采样法实验室分析项目主要有：

（1）必测项目。SO_2、NO_2、总悬浮颗粒物、硫酸盐化速率、灰尘自然降尘量。

（2）按地方情况增加的必测项目。CO、飘尘、光化学氧化剂、总氧化剂、F_2、HF、Pb、Hg、苯并（a）芘、总烃、H_2S 及非甲烷烃。

三、采样点布点方法

1. 功能区布点法

一个城市或一个区域可以按其功能分为工业区、居民区、交通稠密区、商业繁华区、文化区、清洁区、对照区等。

2. 几何图形布点法

几何图形布点法包括网格布点法、同心圆布点法、扇形布点法。

3. 综合布点法

了解工业污染源对其他功能区的影响时，还可以根据功能将监测地区划分为工业区、居民稠密地、商业繁华区，交通频繁区、公园游览区等，各功能区分别设置若干个点。

实际布点时往往将几何图形布点法与按功能区布点法结合起来采样。

四、采样时间和采样频率

采样频率是指在一个时间段内的采样次数，采样时间指每次采样从开始到结束所经历的时间。二者要根据监测目的、污染物分布特征、分析方法灵敏度等因素确定。对此，国家环保部颁布的空气环境质量监测技术规范中有明确要求。

五、监测分析方法

在大气污染监测中，目前应用最多的方法是分光光度法和气相色谱法。监测方法参见国家环保总局编写的《空气和废气监测分析方法》（第4版）。

六、采样方法和仪器

（一）采样方法

1. 气态污染物

（1）直接采样法。常用容器有注射器、塑料袋、采气管、真空瓶等。

（2）有动力采样法。溶液吸收法、低温冷凝浓缩法。

（3）被动式采样法（无泵采样器）。室内空气污染和个体接触量。

2. 颗粒物：滤料法

两种状态共存的污染物采样法：填充柱采样管、滤膜＋吸收管、浸渍试剂滤料法。

（二）采样仪器

（1）收集器。如大气吸收管（瓶）、填充柱、滤料采样夹、低温冷凝采样管等。

（2）流量计。流量计是测量气体流量的仪器，流量是计算采集气样体积必知的参数。当用抽气泵作抽气动力时，通过流量计的读数和采样时间可以计算所采空气的体积。常用的流量计有孔口流量计、转子流量计和限流孔。这几种流量计均需定期校正。

（3）采样动力。应根据所需采样流量、采样体积、所用收集器及采样点的条件进行选择。一般要求抽气动力的流量范围较大、抽气稳定、造价低、噪声小、便于携带和维修。

实验十一 空气中 TSP、PM$_{10}$ 的测定

一、概述

TSP 即为总悬浮微粒物。PM$_{10}$ 指可吸入颗粒物。两者均为表征环境空气质量的重要指标。从外延上考察，PM$_{10}$ 包含于 TSP 内，它是指悬浮在空气中，空气动力学直径小于 10 μm 的颗粒物。

在地球上很多地方，时刻都在产生着悬浮微粒物。自然的运动（火山、风、野火、水的蒸发等）、动物的活动、人类的各种社会活动，导致各种成分的微粒物不断进入大气中。从环境监测和污染控制的角度看，一般而言，工业生产所排放的废气多经过人为处理，如对锅炉烟气的除尘处理等。故有组织排放的工业废气经过处理后剩余的微粒物多为 PM$_{10}$。因此，对于工业废气的监控通常都测定其 PM$_{10}$ 指标；但是，对于一般社会活动（交通

运输、建筑施工、人们的日常生活等）所产生的微粒物来说，监测其 TSP 指标应更有针对性。

二、实验目的和要求

根据《环境空气质量标准》（GB 3095—2012）的基本规定以及《广州市环境空气质量功能区区划》（穗府〔1999〕23 号）的精神，中山大学东校区应属于大气环境质量一类功能区，执行《环境空气质量标准》（GB 3095—2012）的一级标准。其标准值见表 5-1。

表 5-1　环境空气质量标准（GB 3095—2012）

污染测项	取值时间	一级标准浓度值/（mg/m³）
总悬浮颗粒物（TSP）	年平均	0.08
	日平均	0.12
可吸入颗粒物 PM₁₀	年平均	0.04
	日平均	0.05

通过对空气中悬浮微粒物含量的监测，初步掌握用重量法测定空气中悬浮颗粒物含量的原理和方法。在总结监测数据的基础上，对受测点附近区域的环境空气质量现状（悬浮微粒物和可吸入颗粒物指标）及其原因作出一定程度的分析。

环境空气质量评价中对于样品采样有严格的规定，一般要求对 TSP 或 PM₁₀ 至少连续监测 5 天，每天采样 12 小时以上。本次实验由于受客观条件的限制，以 1 次采样分析结果模拟日均值，对监测点的空气质量状况作出一定程度的分析评价。重点掌握监测的原理并初步了解环境空气质量评价的技术方法。

三、原理

悬浮颗粒物属于固体，拥有相对固定的质量。故收集一定体积的空气，通过过滤手段截留其中的颗粒物，再通过称重就可以知道空气中颗粒物的含量。该方法为重量法。

利用大流量或中流量采样器产生负压，通过具有一定切割特性的采样器（PM_{10}切割器），以恒定速度抽取定量体积的空气，空气中粒径小于 $10~\mu m$ 的悬浮颗粒物，被截留在已恒重的滤膜上。根据比校前、后滤膜重量差及采气体积，计算 PM_{10} 的质量浓度。

四、仪器

（1）中流量采样器：采气流量为 100 L/分钟。

（2）PM_{10}切割器。

（3）滤膜：超细玻璃纤维滤膜或聚氯乙烯有机滤膜直径 9 cm。

（4）滤膜袋。

（5）镊子。

（6）干燥器。

（7）分析天平。

（8）气压表。

（9）温度计。

五、实验计划

1．滤膜准备

滤膜在干燥器中平衡 24 小时。在分析天平上称重并编号，记录重量，精确至 0.1 mg。称量好的滤膜平放在滤膜保存盒中，采样前不得弯曲或折叠滤膜。

2．采样

各小组携带采样器1台，依据所确定的采样点进行监测。

（1）分组。分为6个小组开展活动。

（2）监测布点与计划。计划在中山大学北校区的工学院、实验中心、北学院楼3处布设3个监测点。每个点2个小组，分别采集 TSP 和 PM_{10}。同一采样点的2小组尽量同时开关机，这样，所得的监测结果可以互相比较（TSP 和 PM_{10} 之间的比例关系）。

点位和采样项目由各组自行协调。

布点示意图见图5-1。

图5-1　中山大学北校区空气中 TSP、PM_{10} 监测布点示意图

利用公共建筑物内的交流电源采样，各组带上线足够长的电源插座。点位尽量选择在开阔地域，离开人为污染源（如楼房内打扫卫生的扬尘、道路边缘、室内装修区域接近处等）有一定距离，采集自然状态的大气中微粒物。

（3）采样时间与操作步骤。

采样时间：2小时。

分别选择 TSP、PM_{10} 切割器。

打开切割器顶盖，取出滤膜夹，用清洁干布擦去切割器内及滤膜夹的灰尘。

将已编号并称量过的滤膜一面向上，放在滤膜网托上，然后放滤膜夹，对正，拧紧，使不漏气。盖好切割器顶盖，连接上采样器。

按照采样器使用说明操作，设置好采样参数即可启动采样。采样人员做好相关记录，包括采样点位、采样点周边情况、采样起止时间等。

采样结束后，取下打开切割器，用镊子轻轻取下滤膜，采样面向里，将滤膜对折，放入号码相同的滤膜袋中。

将滤膜放入原来的干燥器中平衡24小时。

在分析天平上称重，精确至 0.1 mg。

六、结果计算

TSP 或 PM_{10} $(mg/m^3) = (W_2 - W_1)/V$

式中，W_2 为采样后滤膜重量（mg）；W_1 为采样前滤膜重量（mg）；V 为标准状态下的颗粒体积（m^3）。

七、结果分析

在获得监测结果的基础上，参照上述的环境空气质量标准，对监测点所在区域的环境空气质量作出分析。测定点空气中的 TSP 或 PM_{10} 含量是否能够达到环境空气一级标准的要求？如果可以达标，其含量距离标准限值还有多少？如果已经超标，你认为主要的原因是什么？在监测区域内是否存在 TSP 或 PM_{10} 的排放源？

附：TH-150 中流量 TSP 采样器使用说明

（1）采样时需要接引交流电源，务必注意用电安全，严防事故发生。

（2）插上电源，按下前面的红色开关，可见到屏幕显示数字"00：00"并闪烁。

（3）按"采时"键，显示"24：00　A"并闪烁，可不予修改。

（4）再按"采时"键，显示"00：30　C"并闪烁，这时按"递增/移位"键，使显示"00：00　C"（即关闭 C 路采样通道）。

（5）再按"采时"键，显示"00：20　D"并闪烁，这时按"递增/移位"键，使显示"00：00　D"（即关闭 d 路采样通道）。

（6）检查"标时"键，如果不是显示"00：00"，可按"递增/移位"键，使显示"00：00"。

（7）按"定开"键，显示"00：05"，如不修改，则 5 分钟后开始采样，如要马上采样，可利用"递增/移位"键修改至显示"00：00"即马上开始采样。

（8）当次采样结束，或中途断电时，不要关闭前面的红色开关。这时按"查询"键，记录当次采样的"累积体积"、"标况体积"、"累计时间"、"平均温度"四组数据。

（9）当天继续采样按上述过程重复进行，只是不必更换滤膜。

（10）当天全部采样结束时，将当天采样滤膜交回实验室，并填报采样参数。

实验十二　空气中二氧化氮含量的测定

一、概述

空气中氮氧化物以 NO、NO_2、N_2O_3、N_2O_4、N_2O_5 等多种形态存在，其中，NO 和 NO_2 是主要存在形态，也就是通常所说的氮氧化物。

空气中的氮氧化物可来源于以下三个方面：

1. 燃料的燃烧

在常温条件下，空气中的 N_2 和 O_2 并不能直接化合生成氮氧化物，但在燃烧过程中，当温度超过 1 200 ℃时，氮与氧就会发生反应，而且温度越高，NO 的生成率越大。同时，燃料中各种含氮化合物均被分解、氧化而成为氮氧化物。

2. 汽车废气

由于目前汽车的数量迅速增加，汽车排放的废气也是氮氧化物的另一来源。

3. 工业生产

制造硝酸的工厂，在其生产过程中，也会排放大量的氮氧化物。此外，氮肥厂、有机中间体厂、金属冶炼厂等常使用大量的硝酸，也会有大量的氮氧化物产生出来并被排放到空气中。

NO_2 的含量是目前衡量环境空气质量的几大指标之一。近年来，随着汽车普遍进入家庭，汽车尾气污染日趋严重，城镇及周边地区的环境空气中 NO_2 含量有加速增长的势头。因此，对空气中的 NO_2 进行监测，是大气环境质量评价的一项重要内容，对于掌握环境空气质量状况、控制大气污染等都具有重大意义。

二、实验目的和要求

根据《环境空气质量标准》（GB 3095—2012）的基本规定以及《广州市环境空气质量功能区区划》（穗府〔1999〕23 号）的精神，中山大学东校区属于大气环境质量一类功能区，执行《环境空气质量标准》（GB 3095—2012）的一级标准。其标准值见表 5-2。

表 5-2　环境空气质量标准（GB 3095—2012）

污染测项	取值时间	一级标准浓度值/（mg/m³）
NO$_2$	年平均	0.04
	日平均	0.08
	1 小时平均	0.12

通过对中山大学东校区空气中 NO$_2$ 含量的监测，初步掌握用盐酸萘乙二胺分光光度法测定 NO$_2$ 的原理和方法。在总结监测数据的基础上，对监测点附近区域的环境空气质量现状（NO$_2$ 指标）进行分析。

环境空气质量评价中对采样时间和频率有严格的规定，具体需根据项目评价等级确定。本次实验受客观条件的限制，以 1 次采样分析结果模拟小时均值。

三、原理

空气中氮氧化物包括 NO 和 NO$_2$ 等。NO$_2$ 被吸收在溶液中形成 HNO$_2$，与对氨基苯磺酸起重氮化反应，再与盐酸萘乙二胺偶合，生成玫瑰红色偶氮染料。根据颜色深浅，可用比色法测定。

使用称重法校准的二氧化氮渗透管配制低浓度标准气体，测得 NO$_2$（气）→NO$_2^-$→（液）的转换系数为 0.88，因此在计算结果时要除以换算系数 0.88。

四、仪器

多空玻板吸收管、空气采样器、分光光度计。

五、试剂

（1）吸收液。称取对氨基苯磺酸（分析纯）0.25 g，用 50 mL 蒸馏水，2.5 mL 冰醋酸完全溶解后，加入盐酸萘乙二胺 2.5 mg，溶解。

（2）亚硝酸钠标准储备液 A。称取已在干燥器中干燥的 NaNO$_2$（分析纯）0.015 0 g，溶于蒸馏水中。移入 100 mL 容量瓶中，定容。此溶液每毫升含 NO$_2^-$ 100 μg。

（3）NaNO$_2$ 标准使用液 B。吸取亚硝酸钠标准储备液 5.00 mL 于 100 mL 容量瓶中，定容。得此溶液每毫升含 NO$_2^-$ 5.00 μg。

六、采样

用一个内装 5.00 mL 吸收液的棕色多孔玻璃吸收管，以 0.30 L/分钟流量，避光采样 30 分钟。

七、实验步骤

1. 分组
以小组为单位开展工作。
2. 计划及建议
各小组内可以合理分工，留 1～2 名同学负责室内分析，其余同学负责野外采样。

采样区域：东校区内。

采样要点：每个小组要求采集 2 个点位（预计采样时间 1.5

小时左右）。

3. 布点

各小组携带 1 台采样器，依据所确定的采样点进行监测。

布点注意：在均匀原则上，兼顾对污染源的监测。

东校区内部 NO_2 污染源不多，主要可能存在于：①食堂、餐厅（工作时）的燃料废气；②道路上的汽车尾气废气。

各小组之间也可以相互协调，划分作业地区，各包一片，监测数据除各小组独立测定者外，其他小组的监测结果可以共享，结合起来进行评价，这样更能说明问题。尽量不要重复采样，尽可能覆盖全校区各部分。

4. 采样

用一个内装 5.00 mL 采样吸收液的多孔玻璃吸收管，以 0.30 L/分钟流量，避光采样 30 分钟。采样人员做好相关记录。包括采样点位、采样点周边情况、采样起止时间等。

5. 样品分析测定

（1）标准曲线的绘制。取 6 支 10 mL 比色管，分别加入 $NaNO_2$ 标准使用液 0.00、0.10、0.20、0.30、0.40、0.50 mL。用吸收液定容至 5 mL 刻度处。放置 15 分钟，用 1 cm 比色皿，于 540 nm 波长处，以水为参比，测定吸光度。

以 NO_2 含量为横坐标、吸光度为纵坐标，绘制标准曲线。

（2）样品测定。采样后，放置 15 分钟，将吸收液转入比色皿中。以水为参比，测定吸光度。将测得的吸光度值标在标准曲线上，查出 NO_2 的量 M_{NO_2}。

八、结果计算

$$NO_2 \text{ 含量（mg/m}^3) = \frac{M_{NO_2} （\mu g）}{V_0 \times 0.88 （L）}$$

九、结果分析

在获得监测结果的基础上，参照上述环境空气质量标准，对监测点所在区域的环境空气质量作出分析。测定点空气中的 NO_2 含量是否能够达到环境空气一级标准的要求？如果可以达标，其含量距离标准限值还有多少？如果已经超标，你认为主要的原因是什么？中山大学东校区内部是否存在 NO_2 排放源？

十、注意事项

（1）各小组可配备自行车，要注意交通安全、保护仪器，和用电安全。

（2）采样管的接法很关键，不能接反。否则，轻则吸收液被倒吸流失，采样不能进行；严重时（没有缓冲管时）则吸收液会被吸入仪器内，造成仪器内部损坏。切记"一定是抽大头"，即采样管粗的一头接入。

（3）天气炎热时，建议采样后将样品及时送回实验室冰箱内保存，防止变化。

实验十三　空气中二氧化硫含量的测定
（甲醛溶液吸收 – 盐酸副玫瑰苯胺分光光度法）

一、概述

二氧化硫（SO_2）又名亚硫酸酐，分子量为 64.06，为无色有很强刺激性的气体，沸点为 – 10 ℃，熔点为 – 76.1 ℃，对空气的相对密度为 2.26。极易溶于水，在 0 ℃时，1 L 水可溶解 79.8 L SO_2，20 ℃溶解 39.4 L SO_2，也溶于乙醇和乙醚。SO_2 是一种还原剂，与氧化剂作用生成 SO_3 或 H_2SO_3。

SO_2 对结膜和上呼吸道黏膜具有强烈的辛辣刺激性，其浓度在 0.9 mg/m^3 或大于此浓度就能被大多数人嗅到。人体吸入后主要会损伤呼吸器官，可致支气管炎、肺炎，严重者可致肺水肿和呼吸麻痹。

SO_2 是大气中分布较广、影响较大的主要污染物之一，常常以它作为大气污染的主要指标。它主要来源于以煤或石油为燃料的工厂企业，如火力发电厂、钢铁厂、有色金属冶炼厂和石油化工厂等。此外，H_2SO_4 的制备过程及一些使用硫化物的工厂也可能排放 SO_2。

测定 SO_2 最常用的化学方法是盐酸副玫瑰苯胺分光光度法，吸收液是 Na_2HgCl_4 或 K_2HgCl_4 溶液，与 SO_2 形成稳定的络合物。为避免汞的污染，近年来用甲醛溶液代替汞盐作吸收液。

二、原理

SO_2 被甲醛缓冲溶液吸收后，生成稳定的羟甲基磺酸加成化合物，与盐酸副玫瑰苯胺作用，生成紫红色化合物，用分光光度计在 570 nm 处进行测定。

测定范围为 10 mL 样本溶液中含 0.3～20 μg SO_2。若采样体积为 20 L，则可测浓度范围为 0.015～1.000 mg/m^3。

三、试剂

（1）吸收液储备液（甲醛 - 邻苯二甲酸氢钾）。称取 2.04 g 邻苯二甲酸氢钾和 0.364 g 乙二胺四乙酸二钠（EDTA-2Na）溶于水中，加入 5.5 mL 3.7 g/L 甲醛溶液，用水稀释至 1 000 mL，混匀。

（2）吸收液使用液。吸取吸收液储备液 25 mL 于 250 mL 容量瓶中，用水稀释至刻度。

（3）NaOH 溶液（2 mol/L）。称取 4 g NaOH 溶于 50 mL 水中。

（4）氨基磺酸（0.6 g/100 mL）。称取 0.3 g 氨基磺酸，溶解于 50 mL 水中，并加入 1.5 mL 2 mol/L NaOH 溶液（pH = 5）。

（5）盐酸副玫瑰溶液（0.025 g/100 mL）。

（6）碘溶液（1/2 I_2 = 0.10 mol/L）。称取 1.27 g I_2 置于烧杯中，加入 4.0 g KI 和少量水，搅拌至完全溶解，用水稀释至 100 mL，储存于棕色瓶中。

（7）淀粉溶液（0.5 g/100 mL）。称取 0.5 g 可溶性淀粉，用少量水调成糊状，慢慢倒入 100 mL 沸水中，继续煮沸至溶液澄清，冷却后储存于试剂瓶中，临用现配。

（8）$Na_2S_2O_3$ 标准溶液（0.1 mol/L）。

（9）SO_2 标准储备液。称取 0.1 g Na_2SO_3 及 0.01 g 乙二胺四乙酸二钠盐（EDTA-2Na）溶于 100 mL 新煮沸并冷却的水中，此溶液每毫升含有相当于 320～400 μg SO_2。溶液需放置 2～3 小时后标定其准确浓度。

标定方法：吸取 20.00 mL SO_2 标准储备液，置于 250 mL 碘量瓶中，加入 50 mL 新煮沸但已冷却的水、20.00 mL 碘溶液（1/2 I_2 = 0.10 mol/L）及 1 mL 冰乙酸，盖塞，摇匀。于暗处放置 5 分钟后，用 0.1 mol/L $Na_2S_2O_3$ 标准溶液滴定至浅黄色，加入 2 mL 0.5 g/100 mL 淀粉溶液，继续滴定至蓝色刚好褪去为终点。记录滴定所用 $Na_2S_2O_3$ 标准溶液的体积 V。另取水 20 mL 进行空白试验，记录空白滴定 $Na_2S_2O_3$ 的体积 V_0。按下式计算 SO_2 标准储备液的浓度：

$$C_{SO_2} = \frac{(V_0 - V) \cdot C_{Na_2S_2O_3} \times 32.02}{20.00} \times 1\ 000$$

（10）SO_2 标准使用液。吸取 SO_2 标准储备液 x mL〔x =

$$\frac{5.0 \ \mu g/mL \times 50 \ mL}{C_{SO_2}}]$$ 于 50 mL 容量瓶中，用吸收液使用液定容至刻度。

四、测定步骤

1. 采样

用一个内装 8 mL 采样吸收液的多孔玻板吸收管，以 0.5 L/分钟的流量，采样 40 分钟。同时，测定气温、气压。据此计算出相当于标准状态下的采样体积 V_0。

附：体积换算

$$V_0 = V_t \times \frac{273}{273+t} \times \frac{P}{101.3}$$

式中，V_0 为相当于标准状态下的样品体积（L）；V_t 为现场采样的体积（L）；t 为采样时的气温（℃）；P 为采样时的气压（kPa）。

2. 标准曲线的绘制

吸取 SO_2 标准使用液 0.00、0.25、0.50、1.00、2.00、4.00 mL 于 10 mL 比色管中，用吸收液使用液定容至 10 mL 刻度处，分别加入 0.5 mL 0.6 g/100 mL 氨基磺酸钠溶液，0.5 mL 2.0 mol/L NaOH 溶液，充分混匀后，再加入 2.5 mL 0.025 g/100 mL 盐酸副玫瑰苯胺溶液，立即混匀。等待显色（可放入恒温水浴中显色）。参照表 5 - 3 选择显色条件：

表 5 - 3　显色温度与显色时间对应表

显色温度/℃	10	15	20	25	30
显色时间/分钟	40	20	15	10	5
稳定时间/分钟	50	40	30	20	10

依据显色条件，用 10 mm 比色皿，以吸收液作参比，在波长 570 nm 处，测定各管吸光度。以 SO_2 含量（μg）为横坐标，吸光度为纵坐标，绘制标准曲线。

3. 样品测定

采样后，样品溶液转入 10 mL 比色管中，用少量（＜2 mL）吸收液洗涤吸收管内容物，合并到样品溶液中，并用吸收液定容至 10 mL 刻度处。按上述绘制标准曲线的操作步骤，测定吸光度。将测得的吸光度值标在标准曲线上，通过查取或计算，得到样品中 SO_2 的量 M_{SO_2}（μg）。

五、结果计算

$$SO_2\ 含量（mg/m^3）= \frac{M_{SO_2}（\mu g）}{V_0（L）}$$

六、注意事项

（1）加入氨磺酸钠溶液可消除氮氧化物的干扰，采样后放置一段时间可使臭氧自行分解，加入磷酸和乙二胺四乙酸二钠盐，可以消除或减小某些重金属的干扰。

（2）空气中一般浓度水平的某些重金属和臭氧、氮氧化物不干扰本法测定。当 10 mL 样品溶液中含有 1 μg Mn^{2+} 或 0.3 μg 以上 Cr^{6+} 时，对本方法测定有负干扰。加入环己二胺四乙酸二钠（CDTA）可消除 0.2 mg/L 浓度的 Mn^{2+} 的干扰；增大本方法中的加碱量（如加 2.0 mol/L 的 NaOH 溶液 1.5 mL）可消除 0.1 mg/L 浓度的 Cr^{6+} 的干扰。

（3）SO_2 在吸收液中的稳定性。本法所用吸收液在 40 ℃ 气温下，放置 3 天，损失率为 1%，在 37 ℃ 下放置 3 天，损失率为 0.5%。

（4）本方法克服了四氯汞盐吸收－盐酸副玫瑰苯胺分光光

度法对显色温度的严格要求，适宜的显色温度范围较宽，为 15～25 ℃，可根据室温加以选择。但样品应与标准曲线在同一温度、时间条件下显色测定。

实验十四　空气中臭氧含量的测定

一、概述

臭氧是一种淡蓝色气体，是强氧化剂之一，有特殊的气味，当臭氧浓度达到 0.02 mg/m³ 就可以嗅到。

在自然界中，空气中的氧在太阳紫外线的照射下或受雷击形成臭氧；弧光放电产生臭氧；氮氧化物和碳氢化合物在阳光的作用下所形成的二次污染物中也含有臭氧。臭氧具有强烈的刺激性，在紫外线的作用下，参与烃类和氮氧化物的光化学反应。同时，臭氧又是高空大气的正常组分，能强烈吸收紫外光，保护人和生物免受太阳紫外线的辐射。近地面层空气中可测到 0.04～0.1 mg/m³ 的臭氧。

臭氧超过一定浓度，对人体和某些植物生长会产生一定的危害。当环境中的臭氧浓度为 2～4 mg/m³ 时，能刺激黏膜引起支气管炎和头痛，且能扰乱中枢神经。

臭氧是表征大气光化学烟雾特征的二次污染物，在臭氧产生的过程中伴随着很多中间产物如 PAN、醛类等的产生，它们在大气中生成细粒子，在适当的天气条件下形成灰霾天气，造成区域能见度下降。因此，测定空气中臭氧浓度对研究光化学烟雾具有重要意义。

目前，测定空气中臭氧的方法主要有靛蓝二磺酸钠分光光度法、紫外光度法、化学发光法等。本次实验采用靛蓝二磺酸钠分光光度法测定空气中的臭氧。

二、目的要求

根据《环境空气质量标准》（GB 3095—2012）的基本规定以及《广州市环境空气质量功能区区划》（穗府〔1999〕23号）的精神，中山大学东校区应当属于大气环境质量一类功能区，执行《环境空气质量标准》（GB 3095—2012）的一级标准。各级标准值见表5-4。

表5-4 环境空气质量标准（GB 3095—2012）

污染测项 （小时均值）	一级标准浓度值 /（mg/m³）	二级标准浓度值 /（mg/m³）	三级标准浓度值 /（mg/m³）
O_3	0.12	0.16	0.20

通过对中山大学东校区空气中臭氧含量的监测，初步掌握用靛蓝二磺酸钠分光光度法测定臭氧的原理和方法。在总结监测数据的基础上，对东校区环境空气质量现状（臭氧指标）进行分析。

环境空气质量评价中对采样时间和频率有严格的规定，具体需根据项目评价等级确定。本次实验受客观条件的限制，以1次采样分析结果模拟小时均值。

三、原理

空气中的臭氧在磷酸盐缓冲溶液存在下，与吸收液中蓝色的靛蓝二磺酸钠等摩尔反应，褪色生成靛红二磺酸钠。在610 nm处测定吸光度，根据蓝色减退的程度定量空气中臭氧的浓度。

四、仪器

多空玻板吸收管、气采样器、分光光度计。

五、试剂

所用试剂均为分析纯试剂。

（1）$KBrO_3$ 标准储备液（$C_{1/6KBrO_3} = 0.1$ mol/L）。称取 0.278 4 g $KBrO_3$（优级纯）溶解于水，移入 100 mL 容量瓶中，用水稀释至标线。

（2）$KBrO_3 - KBr$ 标准溶液（$C_{1/6KBrO_3} = 0.01\,000$ mol/L）。吸取 10.00 mL $KBrO_3$ 标准储备液于 100 mL 容量瓶中，加入 1.0 g KBr，用水稀释至标线。

（3）$Na_2S_2O_3$ 标准储备液（$C_{1/6Na_2S_2O_3} = 0.01\,000$ mol/L）。

（4）$Na_2S_2O_3$ 标准工作溶液（$C_{1/6Na_2S_2O_3} = 0.005\,000$ mol/L）。临用前，准确取 $Na_2S_2O_3$ 标准储备液，用水稀释 20 倍。

（5）（1 + 6）硫酸溶液。

（6）淀粉指示剂（2.0 g/L）。

（7）磷酸盐缓冲溶液（$KH_2PO_4 - Na_2HPO_4$，0.050 mol/L）。

（8）靛蓝二磺酸钠（$C_{16}H_8O_8S_2Na_2$，IDS）标准储备。称取 0.25 g 靛蓝二磺酸钠，溶于水，定容至 500 mL。此溶液低温暗处可存放 2 周。

标定方法：吸取 10.00 mL IDS 标准储备液于碘量瓶中，加入 10.00 mL $KBrO_3 - KBr$ 标准溶液，再加入 50 mL 水，加入 5.0 mL（1 + 6）硫酸溶液，盖好瓶塞，混匀，于暗处放置 35 分钟。加入 1.0 g KI 立即盖好瓶塞摇匀至完全溶解，在暗处放置 5 分钟后，用 $Na_2S_2O_3$ 标准工作溶液滴定至红棕色刚刚褪去呈现淡黄色，加入 5 mL 淀粉指示剂，继续滴定至蓝色消退呈现亮黄色。2 次平行滴定所用 $Na_2S_2O_3$ 标准工作溶液的体积之差不得大于

0.10 mL。IDS 溶液相当于臭氧的质量浓度 C（μg/mL），按下式计算：

$$C_{O_3}（μg/mL）=（C_1V_1-C_2V_2）/V\times12.00\times10^3$$

式中，C_1 为 KBrO$_3$-KBr 标准溶液浓度（mol/L）；V_1 为 KBrO$_3$-KBr 标准溶液体积（mL）；C_2 为滴定用 Na$_2$S$_2$O$_3$ 标准工作溶液浓度（mol/L）；V_2 为滴定用 Na$_2$S$_2$O$_3$ 标准工作溶液体积（mL）；V 为 IDS 标准储备液体积（mL）；12.00 为臭氧的摩尔质量（1/4 O$_3$）（g/mol）。

（9）IDS 标准工作溶液。将上述标定好的 IDS 标准储备液用磷酸盐缓冲溶液稀释成相当于 1.0 μg/mL 臭氧的 IDS 标准工作溶液。此溶液于暗处放置可稳定 1 周。

（10）IDS 吸收液。将 IDS 标准储备液用磷酸盐缓冲溶液稀释 10 倍的 IDS 吸收液。此溶液于暗处放置可稳定 1 个月。

六、采样

用一个内装 10.00 mL IDS 吸收液的多孔玻璃吸收管，套上黑布罩，以 0.50 L/分钟流量，避光采样 30 分钟。同时，采集零空气样品。

注意：当环境空气中臭氧浓度较高，导致吸收管中的吸收液褪色约 50% 时，应立即停止采样。当确信空气中臭氧浓度较低、不会穿透时，可用棕色吸收管采样。

七、实验步骤

1. 标准曲线的绘制

取 6 支 10 mL 具塞比色管，分别加入 IDS 标准工作溶液 10.00、8.00、6.00、4.00、2.00、0.00 mL，再加入磷酸盐缓冲溶液 0.00、2.00、4.00、6.00、8.00、10.00 mL，摇匀，用 10 mm 比色皿，在 610 nm 处，以水为参比测定吸光度。以臭氧含量为横坐标，以零管样品的吸光度（A_0，标准工作溶液中的加入了 IDS 标准工作溶液 10.00 mL 的标准样品）与各标准样品管的吸光度（A）之差（$A_0 - A$）为纵坐标，绘制标准曲线。

2．样品和零空气样品的测定

采样后，将吸收液转入比色皿中。以水为参比，测定吸光度 $A_{样品}$，同时测定零空气样品吸光度 $A_{标准}$，以测得的吸光度差值（$A_{标准} - A_{样品}$）在标准曲线上查出样品中臭氧的量 $M_{O_3}(\mu g)$。

八、结果计算

$$臭氧（mg/m^3）= M_{O_3}/V_0$$

式中，V_0 为换算成标准状态（101.325 kPa、273 K）的采样体积（L）。

九、结果分析

在获得监测结果的基础上，参照上述的环境空气质量标准，对监测点所在区域的环境空气质量作出分析。测定点空气中的臭氧含量是否能够达到环境空气一级标准的要求？如果可以达标，其含量距离标准限值还有多少？如果已经超标，你认为主要原因是什么？

实验十五　校园空气质量监测

根据前面所学的内容，对中山大学东校区大气环境质量进行监测。

监测方案由学生自己制定，实验老师指导。

一、校园空气质量监测方案的主要内容

对监测区进行现场调查，调查内容如下：

（1）监测区大气污染源、数量、方位、排放口的主要污染物及排放量、排放方式，同时了解所用原料、燃料及消耗量（东校区主要调查饭堂）。

（2）监测区周边大气污染源的类型、数量、方位及排放量（主要调查周围村庄等）。

（3）监测区周边的交通污染源、车流量。

（4）监测时段内东校区的气象资料（本实验中心有）。

（5）监测区域划分：生活区、教学区。

二、监测方案的实施

（1）由班长及学习委员负责，将班里的同学分成 5～6 组，对校园大气环境进行监测。

（2）记录采样时的周围环境情况。

（3）记录监测结果。

三、校园空气质量评价

全班同学一起对大气监测结果进行讨论，按照空气质量一级环境标准进行评价，分析其达标情况，并提出实用的改善及保护措施、建议。

第六章　植物污染监测

概　　论

当空气、水体、土壤受到污染后，生活在这些环境中的生物在摄取营养物质的同时，也摄取了污染物质，并在体内迁移、富集、转化和产生毒害作用。植物污染监测就是应用各种检测手段测定植物体内的有害物质，及时掌握被污染程度，以便采取措施改善植物生境。

一、植物样品的采集

（一）样品的代表性、典型性和适时性

代表性系指采集代表一定范围污染情况的植株为样品。因此，要求对污染源分布、污染类型、植物特征、地形地貌、灌溉出入口等因素进行综合考虑，选择合适地段作为采样区。再在采样区内划分若干小区，采用适宜方法布点，确定代表性植株。除非研究目的的需要，一般不在田埂、地边以及距田埂地边 2 m 以内的地方采样。

典型性是指所采集的植株部位要能充分反映通过监测所要了解的情况。根据要求分别采集植株的不同部位，如根、茎、叶、果实，除非测定全株污染情况，否则不能将各部位样品随意混合。

适时性是指在植物不同生长发育阶段，施药、施肥前后，适时采样监测，以掌握不同时期的污染状况和对植物生长的影响。

（二）采样方法

采集样品的工具有小铲、枝剪、剪刀、布袋或聚乙烯袋、标

签、细绳、登记本等。在每个采样小区内的每个采样点采集 5 ～ 10 处植株，混合组成一个代表样品，根据要求按照植株的根、茎、叶、果、种子等不同部位分别采集，或整株采样后带回实验室再按部位分开处理。一般样品经制备后，至少要得到 20 ～ 50 g 干重样品。新鲜样品可按含 80% ～ 90% 的水分估算所需样品量。

若采集根系部位样品，应尽量保持根部完整。对一般旱作物，在抖掉附在根上的泥土时，注意不要损失根毛；如采集水稻根系，在抖掉附着泥土后，应立即用清水洗净。根系样品带回实验室后，应及时用清水洗（不能浸泡），再用纱布拭干。如果采集果树样品，要注意树龄、株型、生长势、载果数量、果实着生的部位和方向。如要进行新鲜样品分析，则在采集后用清洁、潮湿的纱布包住或装入塑料袋，以免水分蒸发而萎缩。对水生植物，如浮萍、藻类等，应采集全株。从污染严重的河、塘中捞取的样品，须用清水洗净，除去其他水草、小螺等杂物。

采好的样品应装入布袋或聚乙烯塑料袋，贴好标签，注明编号、采样地点、植物分类、分析项目，并填好采样登记表。

样品带回实验室后，如测定新鲜样品，应立即处理分析。当天不能分析完的样品，暂时存放冰箱保存；如果测定干样，则将新鲜样放在干燥通风处晾干或鼓风干燥箱中烘干。

二、植物样品的制备

从现场带回来的植物样品称为原始样品。需根据分析项目的要求，按植物特性用不同方法选取分析。例如：果实、块根、块茎、瓜类等样品，洗净或切成 4 块或 8 块，根据需要再选取每块的 1/8 或 1/16 混合成平均样。种子等充分混合后，平摊于清洁的玻璃板或木板上，用多点取样或四分法多次选取，得到平均样。

（一）鲜样的制备

测定植物中容易挥发、转化或降解的污染物质，如酚、氰、亚硝酸盐等，测定营养成分如维生素、氨基酸、糖、植物碱等，以及多汁的瓜、果、蔬菜样品，应使用新鲜样品。鲜样的制备方法如下：

（1）将样品用清水洗净，再用去离子水洗净，晾干或拭干。

（2）将晾干的鲜样切碎、混匀，称取 100 g 用高速组织捣碎机加适量蒸馏水或去离子水制成浆。

（3）对含纤维多或较硬的样品，如禾本科植物的根、茎秆、叶子等，可用不锈钢刀或剪刀切成小片或小块，混匀后研磨。

（二）干样的制备

分析植物中稳定污染物，如金属和非金属元素、有机农药等，一般用风干样品，制备方法如下：

（1）将样品洗净放在干燥通风处风干。如天气潮湿，可在 40～60 ℃烘干，并减少化学和生物变化。

（2）将样品剪碎或捣碎。

（3）将粉碎好的样品过筛，一般只需过 1 mm 筛即可。

三、分析结果的表示

植物样品中污染物质的分析结果常以干重表示，以便比较各样品中某一组分含量。因此，还需测定样品含水率，对分析结果进行换算。含水量常用重量法测定，即称取一定量新鲜样品或风干样品，于 100～105 ℃烘干至恒重，以其失重计算含水量。对含水量高的蔬菜水果等，则以鲜重表示计算结果。

实验十六　植物体中铜的测定（样品的消解）

一、概述

铜属于重金属的一种，是生物体的必需元素之一。铜是人和动物必需的微量元素。它是人体中多种酶的组成成分，参与人体的造血过程及铁的代谢，影响生殖机能和生长发育、防御机能、精神智力活动和新陈代谢等，有重要的临床意义。

铜也是植物的必需元素，是植物结构的组分元素之一。植物根系主要吸收二价铜离子，螯合态铜也被植物吸收，在木质部和韧皮部也以螯合态转运。铜能从根交换位置交换大多数其他离子，牢牢地结合在根的自由空间内。一般认为植物吸收铜的方式主要是根系截获。铜存在于植物体内很多氧化酶中，如过氧化物歧化酶、抗坏血酸氧化酶、多酚氧化酶等。铜在电子传递和酶促反应中起作用。铜参与酪氨酸酶、虫漆酶和抗坏血酸氧化酶系统，在细胞色素氧化酶的末端起氧化作用，参与质体蓝素介导的光合电子传递，对形成根瘤有间接影响。铜对叶绿素有稳定作用，防止叶绿素过早破坏；参与蛋白质和糖代谢，与植物呼吸作用密切相关。植物缺铜一般表现为顶端枯萎，节间缩短，叶尖发白，叶片变窄变薄，扭曲，繁殖器官发育受阻、裂果。如农作物的顶端黄化病、白瘟病、直穗病；草本植物的开垦病等，都是缺铜所致。铜在植物体内不同部位含量差异较大，不同种类的植物，生长在不同环境中的植物，其含铜量也有很大差异。一般来说，正常植物体内含铜在 10 毫克至几十毫克每千克的水平。

环境中铜的主要污染源来自工业废水，如电镀、冶金、五金、化工等行业排放的废水等。废水含铜量超标可进一步污染土壤，导致植物体内铜的含量增高。铜过量对植物的光合作用、细胞结构、细胞分裂、酶学系统和其他营养元素的吸收等都会产生不利影响。

分析植物体内的含铜量,可以将植物样品直接消解后用火焰原子吸收分光光度法测定。该方法具有快速、干扰少的特点。

二、植物样品消解方法

分析植物中稳定的污染物,如金属元素和非金属元素、有机农药等,一般用风干样品。由于植物样品中含有大量有机质(母质),且所含有害物质一般在痕量和超痕量级范围,因此测定前必须对样品进行分解。目前常用的消解方法有湿式消解法、干灰化法、压力消解罐消解法或微波消解法。

(一)湿式消解法

湿式消解法是常用而且操作简单的样品前处理方法,所用酸或消解试剂根据待测项目选取。但酸的用量较大,因此引入的干扰较大;此外,受环境因素影响较大。

1. 试剂

HNO_3(优级纯)、$HClO_4$(优级纯)、混合酸(HNO_3 + $HClO_4$,4:1,即取4份硝酸与1份高氯酸混合)。

2. 仪器

可调式电热板或可调式电炉。

3. 步骤

称取 $1.00 \sim 5.00$ g(根据铜含量而定)样品置于锥形瓶或高脚烧杯中,放数粒玻璃珠,加 10 mL 混合酸,加盖浸泡过夜,加一小漏斗在电热板上消解,若变棕黑色,再加混合酸,直至冒白烟,消化液呈无色透明或略带黄色为止,放冷至室温,用滴管将消解液洗入或过滤入(视消化后试样的盐分而定)$10 \sim 25$ mL 容量瓶中,用蒸馏水少量多次洗涤锥形瓶,洗液合并于容量瓶中并定容至刻度,混匀备用;同做作试剂空白。

4．注意事项

对于纤维素含量高的样品，如稻米、秸秆等，加热消解时易产生大量泡沫，容易造成待测组分损失，可采用先加硝酸，在常温下放置 24 小时后再消解的方法，也可以用加入适宜防起泡剂的方法减少泡沫的产生。

$HClO_4$ 失水会发生爆炸，因此操作时要特别小心。

（二）干灰化法

干灰化法分解植物样品可以不使用或少使用化学试剂，并可处理较大量的样品，故有利于提高测定微量元素的准确度。但因为灰化温度一般在 450～550 ℃，不宜处理测定易挥发组分的样品。此外，灰化法所用时间较长。

1．试剂

所用混合酸同湿式消解法。

2．仪器

马弗炉、瓷坩埚、可调式电热板或可调式电炉。

3．步骤

称取 1.00～5.00 g（根据铜含量而定）样品置于瓷坩埚中，先小火在电热板上碳化至无烟，后移入马弗炉中，在 500 ℃ 的条件下灰化 6～8 小时，冷却。若个别样品灰化不彻底，再加 1 mL 混合酸在电热板上小火加热，反复多次直至消化完全为止，放冷，用 0.5 mol/L HNO_3 将灰分溶解。余下步骤同湿式消解法。

4．注意事项

根据样品种类和待测组分性质不同，可选用不同材料的坩埚和灰化温度。常用的有石英、铂、银、镍、铁、瓷、聚四氟乙烯等材质的坩埚。

为促进分解或抑制某些元素挥发损失，常加入适量辅助灰化剂，如加入 HNO_3 和硝酸盐，可加速样品氧化，疏松灰分，利于空气流通；加入 H_2SO_4 和硫酸盐，可减少氯化物的挥发损失；

加入碱金属或碱土金属的氧化物、氢氧化物或碳酸盐、乙酸盐，可防止氟、氯、砷等的挥发损失；加入镁盐，可防止某些待测组分和坩埚材料发生化学反应，抑制磷酸盐形成玻璃状熔融物包裹未灰化的样品颗粒等。但使用碳酸盐作辅助灰化剂时，会造成汞和砷的全部损失，硒、砷和碘有相当程度的损失，氟化物、氧化物和溴化物有少量损失。

（三）压力消解罐消解法或微波消解法

压力消解罐消解法和微波消解法都是利用待测样品在高温高压下分解的原理来消解待测样品，优点是酸用量少，样品不容易被玷污；对操作人员影响小。以下主要介绍压力消解罐消解法，微波消解法根据所用仪器说明书操作。

1．试剂

HNO_3（优级纯）、$HClO_4$（优级纯）、H_2O_2（30% 优级纯）。

2．仪器

压力消解器、压力消解罐。

3．步骤

称取 1.00 ～ 2.00 g（根据铜含量而定）样品于聚四氟乙烯内罐，加 HNO_3 2 ～ 4 mL 浸泡过夜。再加 H_2O_2（30%）2 ～ 3 mL。注意总量不得超过罐容积的 $\frac{1}{3}$！盖好内盖，旋紧不锈钢外套，放入恒温干燥箱，120 ～ 140 ℃ 保持 3 ～ 4 小时，在箱内自然冷却至室温。余下步骤同湿式消解法。

4．注意事项

操作在高温高压下进行，因此需注意操作安全。

三、实验目的

本实验采用湿式消解法消解植物样品，通过实验初步掌握植物样品的消解方法。

四、样品的采集和预处理

可根据自己的爱好采集植物样品。例如：植物种类相同、部位相同，生长地点不同作横向比较，同一株植物分开不同部分（根、茎、叶）作纵向比较；或者同一地点的几种不同植物作品种比较等。每人可测定 3 个样品。采样时填写好样品单。

植物样品采集后需要放于阴凉处自然风干，时间较长。风干后，用剪刀剪碎备用。

五、样品的消解

消解方法用上述湿式消解法。

六、样品的保存

消解好的样品转入塑料瓶中低温冰箱保存待测。

第七章 仪 器 分 析

随着科技的发展，很多大型分析仪器被引用到环境监测中，提高了环境监测的分析水平，缩短了监测的时间，提高了监测的效率。本章主要介绍几种常见的分析仪器的使用方法，使学生对环境监测中的仪器分析有所了解。

实验十七 植物样品中铜的测定
（原子吸收分光光度法）

原子吸收分光光度法也称原子吸收光谱法，简称原子吸收法。该方法可测定 70 多种元素，具有测定快速、准确、干扰少，可用同一试样分别测定多种元素等优点。当测定受污染植物样品时，可采用火焰原子吸收法；当样品中待测元素含量较低时，可采用石墨炉原子吸收法测定，后者测定灵敏度高于前者，但基体干扰较火焰原子化法严重。

一、实验目的

通过实验掌握原子吸收分光光度法测定重金属。

二、原理

（一）火焰原子吸收法

将含待测元素的溶液通过原子化系统的雾化室雾化，随载气进入火焰，并在火焰中解离成基态原子。当空心阴极灯辐射出待测元素的特征波长通过火焰时，因被火焰中待测元素的基态原子吸收而减弱。在一定实验条件下，特征光强波长的变化与火焰中待测元素基态原子的浓度呈正比，从而可以定量试样中待测元素的浓度。

（二）石墨炉原子吸收法

将含待测元素的溶液直接注入石墨管，测定时，石墨炉分三个阶段加热升温：首先，以低温（小电流）干燥试样，使溶剂完全挥发，但以不发生剧烈沸腾为宜，称为干燥阶段；其次，用中等电流加热，使试样灰化或炭化，称为灰化阶段，在此阶段应有足够长的灰化时间和足够高的灰化温度，使试样基体完全蒸发，但又不使待测元素损失；最后，用大电流加热，使待测元素迅速原子化，称为原子化阶段。测定结束后，将温度升至最大允许值并维持一定时间，以除去残留物，消除记忆效应，做好下一次进样准备。

三、试剂

HNO$_3$（优级纯）、铜标准储备液（1.0 mg/mL）、高纯水、燃气（乙炔，纯度不低于99.99%）、助燃气（由空气压缩机供给，经过必要的过滤和净化）、载气（氩气，纯度不低于99.99%）。

四、仪器

原子吸收分光光度计（附石墨炉及铜空心阴极灯）（图7-1）。

图7-1　原子吸收分光光度计

五、测定步骤

1．标准曲线的配制

每次准确移取铜标准储备液 1.00 mL 于 100 mL 容量瓶中，用 0.2% 稀 HNO_3 定容。如此经多次稀释得到标准曲线系列。最终标准曲线浓度根据仪器最佳测定范围和待测样品大致浓度范围确定。

吸取铜标准使用液 0.00、1.00、2.00、3.00、4.00 mL，分别移入 50 mL 容量瓶中，用 0.2% 硝酸稀释定容。此标准系列为含铜 0、1、2、3、4、5 mg/L。用原子吸收分光光度计测量吸光度。以吸光度为横坐标，标准溶液浓度为纵坐标，绘制标准曲线。

2．样品的测定

取经过预处理的样品及空白试剂，分别测定吸光度，扣除试剂空白得到待测样品的浓度或含量，再转换为植物含铜量（mg/kg）。

六、注意事项

（1）样品消解采用浓 HNO_3 + $HClO_4$，操作时要注意安全，遵守操作规程，小心谨慎。严禁俯视液面！

（2）每人可做 3 个样品，结合自己采样的方式，对测定结果加以简要分析。注意几个样品中，不同的生长地点、同一株植物不同的部位、不同的植物品种之间含铜量的差异情况。

七、讨论

样品消解采用浓 HNO_3 + $HClO_4$，是利用了这两种酸的什么化学性质？能不能用浓 H_2SO_4 + $HClO_4$？用浓 HCl + $HClO_4$ 行不行？

实验十八　水样中亚硝酸盐的测定
（流动注射分析法）

一、概述

亚硝酸盐是常见的无机化合物，在自然界和生物体内均广泛存在，当今医学界将其列为毒性物质之一。人体内亚硝酸盐主要是硝酸盐在体内转换而成。亚硝酸盐能将血红素氧化为变性血红素，使其失去正常携氧能力，此生理影响对婴幼儿尤其明显，可产生急性中毒甚至致死。体内亚硝酸盐浓度高会导致心血管方面的疾病，浓度低会导致变性血色蛋白血症（发生于婴儿则称为蓝婴症），症状为皮肤出现蓝紫色的斑纹及呼吸急促等。过量的亚硝酸盐被认为在体内可能转变为具致癌性的亚硝胺。

研究结果显示：当自来水中含有对人体有害的亚硝酸盐时，生水经过加热烧开后，亚硝酸盐含量还会因此而增高，若亚硝酸盐在体内积累，往往会给人带来血液性疾病。对于饮水中的亚硝酸盐含量必须严格控制，一方面是因为大剂量的亚硝酸盐进入体内会造成中毒，另一方面是因为部分亚硝酸盐在特定条件下可能转化为亚硝胺，亚硝胺才是一种致癌物质。

本次实验所介绍的流动注射分析法就是传统化学反应与现代仪器有机结合的典型。其理论基础还是传统的化学显色反应，但是配合了现代化的仪器检测手段，从而大大提高了分析效率和可操控性能。

二、分析方法简介

流动注射分析（flow injection analysis，FIA）是 1974 年丹

麦化学家鲁齐卡（J. Ruzicka）和汉森（E. H. Hansen）提出的一种新型的连续流动分析技术。这种技术是把一定体积的试样溶液注入一个流动着的、非空气间隔的试剂溶液（或水）载流中，被注入的试样溶液流入反应盘管，形成一个区域，并与载流中的试剂混合、反应，再进入到流通检测器进行测定分析及记录。由于试样溶液在严格控制的条件下在试剂载流中分散，因此，只要试样溶液注射方法、在管道中存留时间、温度和分散过程等条件相同，不要求反应达到平衡状态就可以按照比较法，由标准溶液所绘制的工作曲线测定试样溶液中待测物质的浓度。

（一）FIA 的特点

（1）所需仪器设备结构较简单、紧凑。特别是集成或微管道系统的出现，致使流动注射技术朝微型跨进了一大步。采用的管道多数是由聚乙烯、聚四氟乙烯等材料制成的，具有良好的耐腐蚀性能。

（2）操作简便、易于自动连续分析。流动注射技术把吸光分析法、荧光分析法、原子吸收分光光度法、比浊法和离子选择电极分析法等分析流程管道化，除去了原来分析中大量而繁琐的手工操作，并由间歇式流程过渡到连续自动分析，避免了操作中人为的差错。

（3）分析速度快、分析精密度高。由于不需要反应达到平衡后才测定，因而，分析频率很高，一般为 60～120 个样品/小时。例如：测定废水中的 S^{2-} 时，分析频率高达 720 个样品/小时。注射分析过程的各种条件可以得到较严格的控制，因此提高了分析的精密度，相对标准偏差一般可控制在 1% 以内。

（4）试剂、试样用量少，适用性较广。流动注射分析试样、试剂的用量，每次仅需数十微升至数百微升，节省了试剂，降低了费用，对诸如血液、体液等稀少试样的分析显示出其独特的优点。FIA 既可用于多种分析化学反应，又可采用多种检测手段，还可完成复杂的萃取分离、富集过程，因此扩大了其应用范围，可广泛地应用于临床化学、药物化学、农业化学、食品分析、冶金分析和环境分析等领域中。

（二）分析过程

流动注射分析实际上是一种管道化的连续流动分析法。它主要包括试样溶液注入载流、试样溶液与载流的混合和反应（试样的分散和反应）、试样溶液随载流恒速地流进检测器被检测三个过程。

如图 7 - 2 所示，将一定体积的试样溶液通过进样系统间歇地注入一个由泵推动的密闭的连续流动的载流中，载流由水及反应试剂组成。刚注入的呈塞状分布的试样溶液被载流带入反应器并与试剂分散混合，发生化学反应，生成可被检测的物质。然后，进入流通检测器被测定。

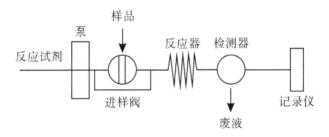

图 7 - 2　流动注射分析流程原理图

（三）流动注射分析仪器

FIA 仪器由流体驱动单元、进样阀、反应器、检测器及微机处理系统五个主要部分组成（图 7 - 3）。

图 7 - 3　流动注射分析仪器

1．流体驱动单元

最常用的流体驱动单元是蠕动泵，它依靠转动的滚轮带动滚柱挤压富有弹性的改性硅橡胶管来驱动液体流动。这种泵结构简单、方便，且不与化学试剂直接接触，避免了化学腐蚀的问题。通过调节泵速和泵管内径可获得所需载液速度，泵头能安排的泵管数称为道数，蠕动泵一般为 6 道和 8 道。泵管壁厚的均匀性影响载液流速的均匀性。

泵管的用途是输送载流和试剂，因此应具有一定弹性、耐磨性，且壁厚均匀。常用的泵管材料有 Tygon，这是加有适量添加剂的聚乙烯或聚氯乙烯管，它适用于水溶液、稀酸和稀碱溶液。

2．进样阀

进样方式有注射注入和阀切换，后者常用，它类似于高效液相色谱的阀进样。当阀的转子转至"采样"位置时，样品被泵吸入至定量取样孔内；当转子转至"注入"位置时，因定量取样孔直径大，对载流阻力小，因此载流自然进入取样孔，将样品塞带至反应器中。

3．反应器

流动注射分析使用的反应器有三种：①空管式反应器；②填充床反应器；③单珠串反应器。反应器的作用是为试剂与样品发生化学反应提供场所。不同的待测物质、不同的化学反应对反应器的要求不同，可在具体测定时选定。

4．检测器

流动注射分析中常用的检测手段有吸光光度法、浊度法、化学发光法、荧光法、原子吸收光谱法、火焰光度法、离子选择电极电位法和伏安法等。检测方法所用的检测器基本上分为光学检测器和电化学检测器两大类。

在光学检测器中，应用最多的是带有流通池的分光光度计；在电化学检测器中，应用较多的则是流通式离子选择电极检测器。

（四）　流动注射技术简介

1．单道流动注射分析法

这种方法是最简单也是较常用的 FIA 方法。

2．多道流动注射分析法

当两种以上的试剂混合后会发生化学变化时，可采用这种方法。各种试剂可以在不同时间、不同合并点加入到管路中，最后进入流通池进行检测。

3．合并带法

合并带法是采用多道注射阀同时分别注入试剂和试样，使试剂和试样在各自的管道中，由同速的载流推进，并在适合区域汇合成两者的合并带，进入反应器及检测。在该方法中，所使用的载流为蒸馏水或缓冲溶液，可以大大地节省试剂。在实际应用中，根据测定需要，还可以采用断续流动法的合并带体系。

4．双注样法

双注样法是利用双通道同步注入阀将试样溶液分别同时注入

到两种不同流路的载流中。注入的试样塞可以一前一后地通过同一检测器。也可以通过两个相同或不同的检测器分别检测。该方法主要用于同一试样中两种不同物质的流动注射分析。

5. 流动注射溶剂萃取法

该方法摆脱了传统的手工萃取操作，实现了溶剂萃取自动化，提高了功效。含待萃取组分的试样从进样器注入水相载流中，到达某一点时，用相分隔器（A）把有机溶剂按比例、有规则地插入到水相载流中，形成有规则的水相和有机相互相间隔的区段，经过在萃取冠（D）中萃取后，由相分析器（C）将有机相和水相分开，有机相进入检测器。

6. 停流法

在 FIA 中，反应盘管不宜过长，要求反应速度比较快，对于反应速率较慢的体系则有一定的局限性。采用流停法，可以有效地适用于化学反应缓慢的分析体系。该方法是在试样分散带进入流通检测器的某适当时间内准确停泵（包括停泵时刻及停泵的时间长度），记录反应混合液在静止状态下进一步反应过程中发生的变化（如吸光度的变化等），使反应逐渐趋于完全，提高测定的灵敏度。它已应用于测定反应常数、研究反应机理、慢反应分析和有色试样分析等领域。

7. 填充反应器

在 FIA 中，有时需用固态试剂，如作为还原剂的锌粒镉粒、不溶性酶或离子交换树脂等。这时必须把试剂的固体颗粒装入柱中并与反应管路相连，构成填充反应器。目前，这种反应器主要有填充还原反应器、固定化酶反应器和离子交填充反应器等。

此外，流动注射梯度技术也已得到不少应用。在 FIA 中，注入流动体系中的试样经分散后形成具有连续浓度梯度的分散试样带。在严格控制的条件下，分散试样带的任何一点都能提供确切的浓度信息。这种依靠准确控制条件来开发试样带浓度梯度中所包含的信息的技术称为梯度技术，如梯度稀释、梯度校正、梯度扫描、梯度滴定及梯度渗透等。此处不作进一步叙述，有兴趣的同学可参阅相关资料。

（五）流动注射分析的应用

流动注射分析的应用非常广泛，它与许多检测技术及分离富集技术结合，已用于数百种有机或无机的分析，以及一些基本物理化学常数的测定。在环境、临床、医学、农林、冶金地质、工业过程监测、生物化学、食品等许多领域中都得到了广泛的应用，特别是在环境科学和临床医学领域应用更多。

三、实验目的

通过流动注射分析测定水样中亚硝酸盐含量，初步了解流动注射分析法的基本原理和操作。

四、实验原理

对亚硝酸根的测定，直接进行重氮化和偶联反应后即可测定。

本次实验采用流动注射分析法测定，可检测范围为 $0.02 \sim 2$ mg/L（以氮计）。具体分析操作由仪器主管教师届时讲授。

五、试剂

1. 显色剂

（1）对氨基苯磺酰胺（$NH_2C_6H_4SO_2NH_2$）10 g。

（2）磷酸 200 mL。

（3）N - （1 - 萘基）- 乙二胺二盐酸盐（$C_{12}H_{14}N_2 \cdot 2HCl$）0.8 g。

（4）蒸馏水 1 000 mL。

（5）聚氧化乙烯月桂醚（Brij35）1 mL。

加 200 mL 正磷酸（85%，无硝酸盐）于 700 mL 蒸馏水中，依次溶解 10 g 对氨基苯磺酰胺（$NH_2C_6H_4SO_2NH_2$）和 0.8 g N–(1–萘基)–乙二胺二盐酸盐（$C_{12}H_{14}N_2 \cdot 2HCl$）于其中，用蒸馏水定容至 1 000 mL，再加 1 mL Brij35。

2. 标准试剂

（1）$NaNO_2$ 标准溶液。

（2）储备液。准确称取 0.493 g $NaNO_2$，溶解，定容至 1 000 mL。

（3）工作液。根据需要用蒸馏水稀释上面的储备液。

六、实验内容

（一）样品的采集
本次实验是测定水样中亚硝酸盐的含量。

（二）样品的测定

1. 标准曲线
吸取上述的 $NaNO_2$ 标准储备液 0.00、1.00、2.00、3.00、4.00 mL，分别移入 50 mL 容量瓶中，用蒸馏水稀释定容。此标准系列为含氮 0、2、4、6、8 μg/L。

2. 样品的测定及含量计算
进样，测量吸光度。以吸光度为横坐标，标准溶液浓度为纵坐标，绘制标准曲线。然后样品进样，测量其吸光度，在标准曲线上查出样品中氮的浓度，再转换为水样中的亚硝酸盐含量（mg/L）。

实验十九 水样中阴离子的测定（离子色谱法）

一、概述

水中阴离子包括 F^-、Cl^-、NO_3^-、NO_2^-、SO_4^{2-}、Br^- 及 PO_4^{3-} 等无机离子及少量有机酸根离子，其中 Cl^-、NO_3^-、SO_4^{2-} 是常见的大量存在的无机离子，而在污染水体中也可能存在较大量的其他阴离子。

水中阴离子测定最常用的是比色法或显色比色法，比色法容易受其他离子干扰，并且只能对样品中的阴离子进行单个测定。对于需要同时测定多种阴离子时工作量会成倍增加。离子色谱法是一种可以对样品中多种阴离子同时进行定性和定量的分析方法，该方法可以连续测定饮用水、地表水、地下水及雨水中的 F^-、Cl^-、NO_3^-、NO_2^-、SO_4^{2-}、Br^- 及 PO_4^{3-} 等无机离子，甚至可以测定一些小分子的有机酸根离子，部分离子的检出限可以低至 0.01 mg/L，具有精度高、检出限低、重现性好、所需样品量少及可同时测定多种离子等优点，现已广泛用于环境监测等领域。

二、分析原理简介

（一）基本原理

离子色谱法利用离子交换的原理，当样品进入系统中随着淋洗液进入色谱柱时，阴离子与色谱柱中填充的离子交换树脂进行离子交换，基于不同阴离子对强碱性阴离子树脂的亲和力不同而彼此分开，被分离的阴离子进入抑制器被转换成高电导的酸型，而流动相则转变成弱电导的酸型以降低背景电导。然后，用电导检测器测量被转变为相应酸型的阴离子，与标准进行比较，根据保留时间定性，峰高或峰面积定量。

（二）分析过程

离子色谱分析系统一般主要包括进样系统、分离系统、检测系统及数据处理系统（图7-4）。试样由进样系统进入，后随着流动相进行柱分离系统，分离后进入检测系统经处理系统采集等过程。

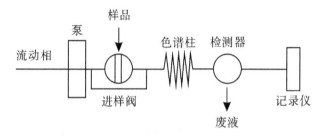

图7-4　离子色谱分析流程原理图

（三）干扰与消除

任何与待测阴离子保留时间相同的物质均会干扰测定。保留时间相近的离子浓度相差太大时不能准确测定。采用适当稀释或加入标准的方法可以达到定量的目的。高浓度的有机酸对测定有干扰。

三、实验目的

通过离子色谱法同步测定水样中主要阴离子含量，初步了解离子色谱法的基本原理和操作。

四、仪器

离子色谱仪包括进样系统、分离柱、抑制器、CD 检测器、数据处理系统（图7-5）。

图 7 – 5　离子色谱仪

五、试剂

1．纯水

实验用水均为电阻率大于 18.2 MΩ・cm 的超纯水，使用前应用 0.45 μm 滤膜过滤。

2．淋洗液

（1）储备液。分别称取 25.44 g Na_2CO_3 和 26.04 g $NaHCO_3$（均已在 105 ℃烘干 2 小时，干燥器中放冷），溶解于水中，移入 1 000 mL 容量瓶中，定容。储存于聚乙烯瓶中，在冰箱中保存。

（2）使用液。取 20.00 mL 储备液置于 2 000 mL 容量瓶中，用水稀释至标线，摇匀。此溶液 Na_2CO_3 浓度为 0.002 4 mol/L，$NaHCO_3$ 浓度为 0.003 1 mol/L。

3．标准储备液

（1）氟离子标准储备液。称取 2.210 0 g NaF（105 ℃烘干 2 小时）溶于水，移入 1 000 mL 容量瓶中，加入 10.00 mL 淋洗储备液，用水稀释至刻度。储于聚乙烯瓶中，置于冰箱。此溶液氟离子浓度为 1.00 mg/mL。

（2）氯离子标准储备液。称取 1.648 4 g NaCl（105 ℃烘干 2 小时）溶于水，移入 1 000 mL 容量瓶中，加入 10.00 mL 淋洗储备液，用水稀释至刻度。储于聚乙烯瓶中，置于冰箱。此溶液氯离子浓度为 1.00 mg/mL。

（3）亚硝酸根离子标准储备液。称取 1.499 8 g NaNO₂（干燥器中干燥 24 小时）溶于水，移入 1 000 mL 容量瓶中，加入 10.00 mL 淋洗储备液，用水稀释至刻度。储于聚乙烯瓶中，置于冰箱。此溶液亚硝酸根离子浓度为 1.00 mg/mL。

（4）硝酸根离子标准储备液。称取 1.370 3 g NaNO₃（干燥器中干燥 24 小时）溶于水，移入 1 000 mL 容量瓶中，加入 10.00 mL 淋洗储备液，用水稀释至刻度。储于聚乙烯瓶中，置于冰箱。此溶液硝酸根离子浓度为 1.00 mg/mL。

（5）硫酸根离子标准储备液。称取 1.814 2 g Na₂SO₄（105 ℃烘干 2 小时）溶于水，移入 1 000 mL 容量瓶中，加入 10.00 mL 淋洗储备液，用水稀释至刻度。储于聚乙烯瓶中，置于冰箱。此溶液硫酸根离子浓度为 1.00 mg/mL。

（6）混合标准使用液。根据待测样品中各离子的范围浓度配制混合标准使用液。本实验分别取 F^-、Cl^-、NO_2^-、NO_3^-、SO_4^{2-} 的储备液 2.00、8.00、4.00、20.00、40.00 mL 于 1 000 mL 容量瓶中，加入 10.00 mL 淋洗储备液，稀释至刻度。该使用液中 F^-、Cl^-、NO_2^-、NO_3^-、SO_4^{2-} 的浓度分别为 2.00 mg/L、8.00 mg/L、4.00 mg/L、20.00 mg/L 和 40.00 mg/L。

六、实验内容

（一）样品的采集

本次实验是测定水样中的阴离子含量，样品采自校内内河涌，每小组布设 3 个断面，每个断面采集一个混合样。

（二）样品的测定

1. **标准曲线**

吸取上述的标准使用液 2.00、5.00、10.00、50.00 mL 于 100 mL 容量瓶中，用水稀释至刻度，摇匀。待测。

2. **仪器条件设定**

按仪器操作规程进行测定条件设定，运行仪器至基线平稳。

3. **标样和样品的测定及含量计算**

按仪器操作规程进行样品前处理，分析标样及水样。根据各离子的出峰时间确定离子种类，利用工作站处理得出水样中各阴离子的浓度。

七、注意事项

（1）必须在有保护柱的情况下做样。

（2）用淋洗液配制标准样品和稀释样品，可以除去水峰干扰，使定量更加准确。

（3）样品必须经 0.45 μm 的滤膜过滤除去颗粒物后方可进样。

（4）整个系统不应有气泡，否则会影响分离效果。

参 考 文 献

[1] 吴忠标. 环境监测 [M]. 北京：化学工业出版社，2003.

[2] 奚旦立. 环境监测 [M]. 3 版. 北京：高等教育出版社，2004.

[3] 国家环境保护总局. 水和废水监测分析方法 [M]. 4 版. 北京：中国环境科学出版社，2002.

[4] 国家环境保护总局. 空气和废气监测分析方法 [M]. 4 版. 北京：中国环境科学出版社，2003.

[5] 国家环境保护总局科技标准司. 环境保护标准汇编 [M]. 北京：中国环境科学出版社，2004.

[6] 聂麦茜. 环境监测与分析实践教程 [M]. 北京：化学工业出版社，2003.

[7] 国家环境保护总局. 地表水环境质量标准（GB 3838—2002）[M]. 2002.

[8] 环境保护部国家质量监督检验检疫总局. 声环境质量标准（GB 3096—2008）[M]. 2008.

[9] 陈怀满等. 环境土壤学 [M]. 2 版. 北京：科学出版社，2010.